# 식품미생물학

대표저자 **백 현 동**

**김기태·이나경** 공저

도서출판 유한문화사

# 머 리 말

미생물은 육안으로 볼 수 없는 미세한 생물체를 말하며, 태고 때부터 존재한 가장 오래된 생물체이다. 오랜 시간 동안 매우 다양하게 번식 분류되어 환경뿐만 아니라 인류에게 큰 영향을 미치는 중요한 존재이기도 하다. 특히 인류에게는 식품 및 생명공학 분야에서 식중독, 감염병, 부패 등을 유발하여 해를 입히기도 하지만 한편으로는 건강에 도움을 주기도 하고, 발효를 통하여 식품 품질을 향상시키고 보존성을 높이기도 한다.

17세기 현미경 발명과 미생물의 존재를 과학적으로 입증한 이후 미생물에 대하여 많은 관심을 갖는 학자들이 활발히 연구하여 식품 및 의약품, 화공, 환경 등 많은 분야에서 중요한 자리를 차지하였고, 인류에게 많은 공헌을 하게 되었다. 특히 미생물은 비교적 단일하고 번식이 빠르며, 환경과 종에 따라 다양한 특성을 가지므로 생명공학 발전에 절대적으로 필요한 존재가 되었다.

이 중 식품미생물학은 식품과 연관성이 있는 미생물을 주로 다루는 학문으로서 응용미생물학 중 가장 큰 비중을 차지하고 있는 것도 사실이다.

이 책의 내용은 다음과 같은 특징으로 구성되어 있다.

첫 번째는 미생물에 대한 기본 지식을 다루고 있다. 즉 앞으로 식품 미생물을 이해하려면 기본적으로 미생물의 주요 특성을 이해해야 하므로 기본적이면서 필수적인 내용을 다루었다.

두 번째는 식품 미생물 중 발효를 통하여 어떻게 식품에서 미생물이 작용하는지를 다루는 부분으로 주로 식품의 발효나 균체 자체를 식품으로 적용하는 부분이라 하겠다. 최근 관심을 끌고 있는 프로바이오틱스와 마이크로바이옴에 대해 보완 설명하였다.

세 번째는 식품의 위생적인 측면에서 식중독균을 다루었다. 미생물 중 인류에게 해를 끼치는 영역으로서 여기서는 세균, 곰팡이, 바이러스를 나누어 설명하였다.

네 번째는 이러한 미생물들을 제어하고 측정하는 기술에 대한 부분으로 여러 가지 첨단 기술들을 소개하였고, 아울러 유해 미생물이 어떻게 관리되는지를 서술하였다.

저자들은 식품 미생물 분야의 전문가로서 오랜 기간 강의 자료와 연구를 바탕으로 집필하였고, 미흡한 부분이나 새로운 기술 등은 앞으로도 계속하여 보완하고자 한다.

마지막으로 이 책의 출판을 위하여 수고하여 주신 유한문화사 천승배 대표님을 비롯한 직원 여러분께 감사를 드린다.

2024년 1월
저자 일동

# 차 례

## 제 1장 식품 미생물학 개요 / 19



## 제 2장 미생물의 분류 및 세포 구조 / 31

## 제 3장 미생물의 생육 / 41

## 제 4장 미생물의 대사 및 조절 / 59



## 제 5장 미생물의 동정 및 보존 / 71

## 제 6장 균주의 유전적 개발 / 75



## 제 7장 프로바이오틱스 / 83

## 제 8장 균체의 생산 / 101



## 제 9장 효 소 / 105

## 제10장 알코올 발효 / 113

## 제 11장 식 초 / 123



## 제 12장 아미노산 발효 / 127



## 제 13장 장류 발효 / 131

## 제 14장 김치 발효 / 137



## 제 15장 핵산 발효 / 141



## 제 16장 발효 유제품 및 발효 육제품 / 145

## 제 17장 미생물의 제어 / 155



## 제 18장 식품 보존법 / 163

## 제 21장 곰팡이 독소 / 193



## 제 22장 바이러스 / 199

## 제 23장 미생물의 신속 검출 및 정량법 / 205

## 제24장 식품위생 지표 및 HACCP / 215

# 제 1 장

# 식품 미생물학 개요

## 1. 식품미생물학의 의미

식품미생물학은 미생물학 분야의 주요 부분을 차지하고 있으며 원생동물, 균류, 세균, 고초균 등의 미생물뿐만 아니라 바이러스, 프리온 등까지 다루는 순수 미생물을 바탕으로 인류의 생활과 환경을 위하여 유용하게 응용될 수 있게 다루는 학문이다. 미생물이란 육안으로는 보이지 않고 크기가 ㎛ 단위의 작은 생명체를 일컫는다.

미생물을 이용한 연구는 빠른 증식성, 다양한 기질의 자화성, 화학 활성과 반응의 특이성, 인공변이주의 용이성, 높은 균일성, 생화학적 반응의 용이성 등이 있다. 따라서 이로부터 유용한 대사산물을 얻기 위한 미생물에 관여하는 공정, 즉 발효 공정에 관한 이론을 연구 응용하는 분야로 그 기반 기술로는 DNA 재조합 기술, 유전자 조작 기술, 유전자공학 기술, 세포융합 기술, 세포배양 기술, 세포공학 기술, 바이오리액터 기술, 효소공학 기술, 단백질공학 기술, 지놈(genome) 해석기술 등이 있다.

그러나 미생물을 이용한 연구에서는 잡균이나 파지(phage)에 의한 오염 가능성이 있고, 생산물의 분리 정제가 어려우며, 종국을 연속적으로 장기간 사용하면 퇴화될 수도 있다. 또한 생물반응 속도가 화학반응보다 일반적으로 느리고 최적화가 어려운 문제점이 있다.

미생물학의 응용 분야는 매우 다양하여 다음과 같은 산업에 응용될 수 있다.

- 식량자원: 농, 축, 수산 자원의 육종 개발에 적용
- 식품산업: 발효식품, 기능성 신소재(생리활성물질), 식품 원료(예 : 식품첨가물)

- 의약산업: 항생물질, 항염물질, 항암제, 호르몬제
- 환경산업: 환경 정화(remediation)
- 화공산업: 용매의 생산, 제철산업

여기서 식품미생물학(food microbiology)은 미생물학의 한 응용 분야로서 주로 인간의 생명과 건강 유지에 매우 중요한 식품과 관련된 미생물을 다루는 것으로, 구체적으로는 기본적 미생물학을 바탕으로 식량자원으로서 뿐만 아니라 발효, 부패, 위생, 식품 가공 및 저장·유통 분야에 관련된 미생물에 대한 균주 개발, 생리적 특성, 새로운 식품소재 및 기능성 식품 원료로서의 개발, 병원성 미생물의 제어 등을 중점적으로 연구하는 분야이다.

## 2. 미생물학의 역사

인간은 오래전부터 육안으로 확인할 수 없는 작은 생물의 존재를 느낄 수 있었다. 그러나 실제로 확인하기 시작한 것은 1664년 Robert Hooke(1635~1703)에 의한 현미경의 발명 이후부터이다. 이때 이를 이용하여 곰팡이의 자실체의 구조가 기술되었다.

1684년에는 네덜란드의 Antonie van Leeuwenhoek가 직물 조사에 사용하였던 현미경을 이용하여 관찰한 스피로헤타, 간균 및 구균의 세균, 효모, 조류 등의 상세도(그림 1-1)를 작성하여 알려지게 되어 향후 영국왕립협회의 일원이 되기도 하였다.

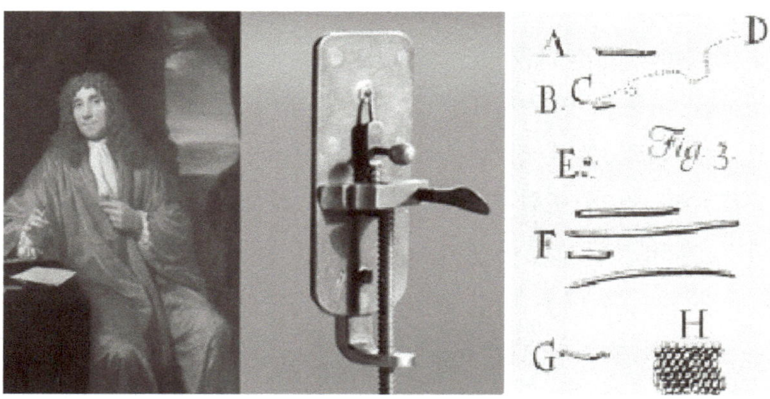


그림 1-1. Leeuwenhoek와 현미경 및 이를 통한 미생물의 상세도

프랑스 Lille대학의 교수였던 Louis Pasteur(1822~1895)는 양조공장 포도주의 산패 방지에 대한 프로젝트를 의뢰받아 발효에 관여하는 효모와 포도주 부패(유산균에 의한 젖산 발효)의 원인이 세균임을 알고 부패를 방지하기 위하여 62~65℃ 열처리하는 저온살균법(pasteurization)을 제안하고 효모에 의한 발효를 연구하여 그 개념을 확립하였다. 여기서 발효는 혐기적인 조건에서 이루어지지만 성장은 호기적인 조건을 선호한다는 파스퇴르 효과를 제안하였다.

이때 호기성과 혐기성이라는 용어를 사용하게 되었다. 또한 미생물 세균 오염을 차단하는 goose-neck flask를 고안하여 미생물은 자연적으로 생긴다는 자연발생설을 반박하기도 하였다(그림 1-2). Pasteur는 누에의 미립자병을 일으키는 병원체가 원생동물임을 밝히고, 더 나아가 의학에도 관심을 가져 닭 콜레라, 광견병, 탄저병의 백신을 개발하기도 하였다.

그림 1-2. Pasteur와 goose-neck flask

영국의 John Tyndall(1820~1893)은 Pasteur의 저온살균으로는 살균이 충분치 않음을 밝히고 세균의 내열성인 내성 포자를 관찰하고 포자를 발아시킨 후 멸균해야 한다는 간헐멸균법을 제안하기도 하였다. 또한 Eduard Buchner는 1897년 과거 생물 현상은 생물에서만 기원한다는 이론에 반론을 제시하고 효소의 중요성을 강조하였다.

한편, 질병에 관련하여 1835년 Agostino Bassi는 곰팡이가 누에에게 병을 일으킴을 보고하였으며, 의사인 Joseph Lister는 1860년 수술 환자의 오염 방지를 위하여 소독제인 페놀(phenol)을 개발하여 감염률을 낮추었으며, 독일의 외과의사이자 세균학자인 Robert Koch(1843~1910)는 현미경을 통하여 탄저균의 포자를 발견하고 감자, 젤라틴, 한천 등을 이용한 고체배지에서 세균을 최초로 순수배양 하였다. 또한 1882년 결핵균의 발견으로 1905년 노벨상 수상에 이르게 되었다. 또한 1883년 인도 및 유럽에서 유행한 콜레라균을 분리 배양하였고, 1884년에는 병원균을 규정하는 가설을 설정하였다. 1890년에는 결핵 치료약으로 투베르쿨린을 발표하였으나 현재는 결핵 진단용 시약으로 사용되고 있다.

미생물을 이용한 화학요법은 1910년부터 발전하여 화학적 치료법 시대가 개막되었다. 1910년 P. Ehrlich는 매독 효과가 있는 유기비소 화합물인 Salvarsan 606을 개발하여 화학요법의 시초가 되었다. 이어서 1932년 독일의 G. Domagk(1895～1964)는 prontosil이 연쇄상 구균의 생육을 억제한다는 것을 발견하여 설파제가 유효한 화학요법제로 등장하게 되었다.

항생물질로서는 A. Fleming이 2차 세계대전인 1928년 포도상 구균이 자라는 배지에 용균 작용을 하는 푸른곰팡이(*Penicillium notatum*)를 발견하고, 이 균주가 생산하는 항생제인 penicillin을 발견하였다. 이때는 불안정하고 순도가 뒤떨어졌으나 약 10년 후 H. Florey와 E. Chain이 penicillin의 순수분리 및 정제를 성공시켜 이후 의료용으로 사용하게 되었다. Rene Dubos가 1939년 *Bacillus brevis*가 생산하는 gramicidin과 tyrocidine을 발견하였고, Selman Waksman와 Albert Schatz은 1944년 *Streptomyces*가 생산하는 streptomycin을 발견하여 현재까지 결핵 및 감염증 질환 치료에 널리 쓰이고 있다.

바이러스 분야에 있어서 1884년 프랑스의 O. Chamberland가 bacterial filter를 고안한 후 어떤 병원체는 bacterial filter를 통과할 수 있다는 사실을 알게 되었고, 1892년 러시아의 과학자 D. Ivanovsky는 실제로 모자이크병에 걸린 담배 잎으로부터 bacterial filter를 통과하는 여과성 물질을 발견하였다. 1898년 네덜란드의 M. Beijerinck는 담배 모자이크병을 일으키는 인자는 생명체의 특성을 많이 소유하고 있다는 강력한 증거를 제시하였다. 또 같은 해에 독일의 F. Loeffler(1852～1915)와 P. Frosch(1860～1928)는 가축 전염병인 구제역 바이러스를 발견하여 동물 바이러스학의 분야를 개척하였다.

1915년 E. Smith는 곤충에 의한 식물의 바이러스병 전파를 관찰하였으며, 1915년에 F. Twort와 1917년 F. d' Herelle는 각각 독자적으로 세균성 바이러스(bacteriophage)를 발견하였다. 1935년 미국의 W.M. Stanley는 담배의 모자이크 바이러스를 순수 분리정제 하여 바이러스의 본체를 확인하였다. 1949년 미국의 J. Enders, F.C. Robbins 및 T.H. Weller 등은 원숭이의 신장을 조직을 이용하여 소아마비 바이러스를 인공 배양하는 데 성공함으로써 백신 제조의 기초를 마련하였다.

미생물 유전학적 연구는 최초로 1941년 G.W. Beadle과 E.L. Tatum이 빵곰팡이의 돌연변이체를 분리하고 하나의 유전자는 하나의 효소를 생산한다는 유전자 효소설을 주장하여 유전 생화학이 활성화되는 계기가 되었다. 이후 변이 결과를 해석하는 길이 열려 옥수수, 초파리와 함께 유전학 연구의 재료가 되었다. 1943년 Delbruck 등은 세균의 돌연변이체를 분석하여 세균의 유전적 연구의 기술적, 개념적 기초를 확립하였다. 1944년 O. Avery 등에 의하여 세균의 유전학적 전달 과정에 관한 연구에서 형질전환은 유리 DNA에 의한 것이라는 것을 밝혔다.

같은 해에 O. Avery 등은 1944년에 S형의 폐렴쌍구균의 DNA를 R형 균에게 주면 S형 균의 협막의 다당류를 형성하게 되는 형질전환 현상을 발견하여 유전자의 본체가 DNA라는 것을 보고하였다. 또한, 1946년에 J. Lederberg는 세균의 유성생식을 발견하여 세균 유전학을 크게 발전시켰다. 1950년대에는 전자현미경의 개발로 인하여 세포막과 DNA에 관한 지식이 급진전하게 되었다.

특히 1953년 James D. Watson과 Francis C. Crick이 DNA의 이중나선 구조를 밝혀 분자생물학의 시대가 열리게 되었으며, DNA와 상보적인 nucleotide 배열을 가지는 messenger RNA(mRNA)와 아미노산을 운반하는 transfer RNA(tRNA)의 기능을 해명하여 DNA-mRNA-protein이라는 생물학적 기본 개념을 확립하였다. M. Nierenberg는 유전자의 핵산 염기와 생합성되는 단백질 사이에는 밀접한 관계가 있는데, 3개씩의 염기배열(triplet)이 각 특정의 아미노산 한 개를 지정하게 되며, 모든 생물체에는 공통이라는 것을 증명하였다.

Jacob과 Monod는 operon설(operon theory)을 제창하여 유전자의 정보가 제어되며, 이를 최종적인 단백질 발현 기구로서 설명하였다. Jacob에 의한 유도, 억제라는 유전적 기작과 Monod에 의한 allosteric이라고 하는 생화학적인 개념과 접목하여 효소의 생성 및 조절기구를 설명하였다. A. Kornberg는 모든 생물이 공통된 유전정보를 가지고 있지만 다른 DNA가 들어오면 그것을 분해하거나 변형하여 제한효소(restriction enzyme)의 존재를 발표하였으며, 이 제한효소를 이용하여 현재까지 발전되어 다른 DNA나 화학 합성한 유전자(DNA)를 이용하여 원하는 특정 부위에 절단하거나 결합하는 유전자 조작기술에 이용하고 있다. 또한, 대장균을 이용한 단백질 생합성의 유전자 조절기구 규명은 오늘날의 분자생물학 빠른 발전의 시초가 되는 업적이라 할 수 있다.

1970년 중반부터 비약적인 발전을 거듭한 DNA 재조합 기술(recombinant DNA technology)로 현재까지 산업적으로 유용한 효소 생산 및 의학적으로 인슐린과 같은 유용한 호르몬 생산에 이바지하는 등 산업 미생물과 결합되어 생명공학이라는 분야를 이루게 되었다. 이러한 생명공학은 2001년 인간 지놈 프로젝트(human genome project)의 완성 이후 인간의 장기 이식 등의 분야까지 널리 적용하기에 이르렀다.

2000년대에 들어서 rRNA 유전자 염기서열 분석 결과 자연계에 존재하는 미생물 중 순수배양 하여 그 특성을 연구할 수 있는 미생물의 종류는 적은 사실이 밝혀지면서 식품에 존재하는 전체 미생물의 메타지놈(metagenome)을 연구하여 식품의 안전과 발효에 활용하고자 하는 연구들이 이루어지고 있다. 사이언스지에 게재되었던 IBS 면역 미생물 공생 연구단의 연구도 섭취 미생물 군의 중요성에 대해 언급한 바 있다. 장 점막의 면역체계에 음식물에서 유래된 물질들이 중요한 역할을 수행한다는 사실을 발견한 것이다. 음식을 통해 섭취한 영양분뿐만 아니라 함께 들어온 미생물이 장내 환경에 중요한 영향을 미친다. 이 사실을 기반으로 면역에 관한 연구를 지속하면 음식물 알레르기 등 면역과민 질환의 원인을 알 수 있게 될 것으로 예상된다.

## 3. 식품미생물 관련 최근 이슈 및 전망

식품미생물학은 국내 체계적인 뿌리를 내린 지 50년도 안 되었지만, 분자생물학 등의 관련 학문의 발달로 이루어지는 첨단 지식과 기술로 인해 아래와 같은 여러 가지 측면에서 더욱 급속도로 발전하고 있다.

### 3.1 식품 위생적 측면

식품 위생학적인 면에서 각종 병원성 및 식중독균을 효율적으로 신속하고 보다 정밀하게 분리 동정함으로써 식중독 예방 및 치료에 기초가 되어 국민 보건에도 크게 이바지하고 있다. 즉, 가금류의 주요 식중독균인 *Salmonella*

에 대한 저항성이 있는 닭이나 *Listeria* 감염에 대한 내성이 있는 젖소 등의 육종 개발 등을 들 수 있다.

또한, HACCP를 비롯한 인증제도의 도입 및 위생적인 유통 시스템 및 risk assessment 기술 개발 등으로 효율적으로 병원성균이나 부패균에 대한 오염 방지 및 성장 억제를 시도하게 되었으며, 식품 저장 중의 오염균의 번식에 대한 예측 모델(predictive model) 등으로 식품의 유통이나 저장 중의 위생학적인 품질을 향상시킬 수 있게 되었다. 인체 내 부작용이 적은 항균작용이 있는 천연 보존제의 개발로 건강 유지를 병행하는 연구도 활발히 진행되고 있다. 미생물의 살균법에 있어서도 여러 가지 처리 조건을 설정하여 식품의 품질을 유지하면서 좀 더 효율적인 살균이 이루어지도록 하고 있다.

A Food Safety Management System(FSMS)은 안전한 식품을 생산하는 표준방안을 정립하고 기록함으로써 식품의 안전성을 확보하는 방법이다. 효율적인 FSMS가 되기 위해서는 HACCP 프로그램, preventive controls, 감시 시스템, hygienic zoning, testing program, 소비자의 피드백, 추적 및 리콜, 그리고 documentation을 충실히 해야 한다.

## 3.2 생물전환을 통한 기능성 식품소재의 개발

발효 미생물의 탐색 및 응용을 통해 우수한 발효식품들이 개발되고, 그 발효 미생물의 기능성 탐색을 통해 건강기능식품 소재로서 발전시켜 관련 산업 규모가 확대되고 있다. 식물체와 같은 천연물(특히 약용식물)에 존재하는 유효 성분은 탄수화물이나 다른 성분들과 결합하여 분자량이 크며, 이는 인체 내에서 흡수율이 떨어지기도 한다.

따라서 미생물이 생산하는 효소나 직접적 발효를 통하여 이를 변형시킴으로써 흡수율이 높고 생리 기능성이 우수한 성분으로 전환하는 방법을 모색할 수 있다. 즉 식품 제조에 안전하게 적용할 수 있는 균주의 효소를 이용하여 유효 성분의 생물전환(bioconversion)으로 건강적인 측면에서 생리 기능성이 더욱 증진된 성분을 생산하게 되며, 이는 기능성 식품 원료로 이용되어 고부가 가치를 창출하고 있다.

## 3.3 기능성 생균인 프로바이오틱스 산업

프로바이오틱스(probiotics)는 어원에 따라 해석하면 미생물을 억제하기 위한 항생제(antibiotics)와 대비되는 개념이다. 즉 인체에 해로운 미생물을 제거하는 항생제와 반대로 인체에 이로운 미생물을 활용하는 것을 의미한다.

프로바이오틱스는 '균으로 구성된 제품'이라는 제품 유형으로 이해되기도 한다. 이를 바탕으로 휴먼 마이크로바이옴 치료제 분야로 진전되었으며, 이는 건강에 이로운 미생물 군집을 증대시키기 위한 제품/서비스의 대표적인 유형이 해당 미생물을 섭취하도록 하는 것이다(Barko et al., 2018). 또한 미생물이 인체와 상호 작용하는 단계에 따라서도 프로바이오틱스를 하나의 제품 유형으로 구분할 수도 있다.

프리바이오틱스(prebiotics) 제품이란 인체에 이로운 특정 미생물의 성장 및 활성을 강화할 수 있는 섬유소 같은 식품 내 비소화성(non-digestible) 조합물로 구성된 제품이고, 프로바이오틱스는 인체에 이로운 특정 미생물 그 자체로 구성된 제품이며, 포스트바이오틱스(postbiotics) 제품이라는 최근의 개념은 효소나 펩타이드 등 특정 미생물이 만들어내서 인체에 이로운 작용을 하는 대사물질(metabolite)로 이루어진 제품을 의미한다.

## 3.4 산업화를 위한 균주의 유전학적 개량

미생물의 유전자 DNA를 인위적으로 재조합하여 형질을 전환하거나 생체 기능을 모방하여 다양한 분야에 응용하는 기술 즉, 생명 현상, 생물 기능 그 자체를 인위적으로 조작하는 기술이 발전되어 생물체가 가지는 유전, 번식, 성장, 자기제어 및 물질대사 등의 기능과 정보를 이용해 식품뿐만 아니라 인류에게 필요한 물질과 서비스를 가공, 생산하게 된다.

또한, 유전자 치환이나 세포융합을 이용한 대량 배양한 효소를 사용하여 물질을 합성하는 바이오리액터(bioreactor) 등 생체기능 자체를 응용한 기술에 의하여 자연에는 극히 미량밖에 존재하지 않는 물질을 대량으로 생산하려는 것으로 이미 인슐린, 인터페론 등이 이미 상업화되었다. 즉, 이러한 기술은 식품산업뿐만 아니라 의약품, 화학, 섬유 등 여러 분야에서도 연구개발이 활발히 진행 중이다. 아울러 품질 개량, 식량생산(GMO 식품) 등 농업 분야에도 응용되고 있다.

플라스미드 이용 유용성의 미생물 균주를 창출하거나 미생물의 대사제어 기술을 더욱 개발하여 효율적이고 경제적으로 식품이나 화학산업에 이바지할 것이며, 미생물이 생산하는 효소의 기능을 다각적으로 개발하여 다른 여러 산업에 적용이 가능할 것이다. 더 나아가 푸드테크 산업의 한 분야로서 미생물 균체의 영양성 및 기호성을 연구 개발한다면 식량자원으로서도 이용할 수 있다. 따라서 식품미생물학이 식품뿐만 아니라 의약, 위생, 화공, 환경 등 폭넓은 범주에서 응용할 수 있어 앞으로의 발전과 전망이 매우 크리라 예측된다.

## 3.5 항생제 내성

항생제는 의약, 농업 생산, 식품 가공 등에서 널리 사용되어 왔다. 이러한 항생제는 식품 공급의 생산성과 안전성뿐만 아니라 사람과 동물의 건강을 증진시키기 위해 사용되어 왔다. 항생제 외에도 많은 천연 혹은 인공 화합물(염, 알콜, 유기산, 박테리오신, 인공방부제, 소독제 등)이 항균력을 나타낸다.

항생제 내성균의 출현이 사회경제적인 손실을 가져오므로 주요 논쟁거리가 된다. 식품 가공공정에 항생제가 사용되지 않는다 해도 식품의 원료가 되는 동물, 농산작물, 그리고 수산양식 등을 통해 식품에 전이되기도 한다.

## 3.6 식품 유래 미생물의 지노믹스

지노믹스와 포스트지노믹스 시대가 되면서 지놈 분석이 식품미생물학 및 위생 분야에서 주요한 도구로 활용되고 있다. 식품유래 병원성균, 프로바이오틱스, 스타터 컬처, 식품계의 마이크로바이오타(microbiota)를 연구하기 위해 DNA 서열 분석, 지놈 분석, 메타지놈 분석기술이 더욱 중요해졌다.

DNA 서열을 분석하기 위한 기술로는 whole-genome sequencing(WGS), 16S rRNA compositional and metagenomics analysis, 유전자발현 연구, RNA 직접서열법(RNA-Seq)과 transcriptomic technology 등이 사용된다.

이러한 genomic sequence는 식품에 존재하는 병원성균을 추적하거나 전 세계적인 유행을 파악하는 데 사용할 수 있다. 또한 병원성균, 스타터 균주, 프로바이오틱스의 전장 유전체(whole genome sequence)를 파악함으로써 비교 검토가 가능해진다. 따라서 metagenomics와 transcriptomics를 통해 식품에서의 미생물의 역할에 대해 그리고 복잡한 식품 매트릭스에서 이러한 균들이 어떻게 상호작용 하는지를 이해할 수 있게 되었다.

## 3.7 식품 마이크로바이옴

배양하지 않고 진행하는 차세대 서열 분석기술이 발달하면서 식품 마이크로바이옴(food microbiome)의 시대를 가져오게 되었다. 메타지놈 데이터를 통해 인체 피부로부터 장에 이르기까지 우리가 섭취하는 식품과 복잡한 미생물의 생태를 이해하면서 가능해진 것이다.

이전에는 제공되지 않았던 차세대 서열 분석기술, 생물정보학의 발전, 관련 데이터 베이스의 확충으로 microbiota의 제공이 가능해졌다.

### 3.8 예측미생물학과 미생물 위해 평가

예측미생물학(predictive microbiology)은 20세기 초에 가열공정으로 인한 세균의 사멸공정을 나타내기 위해 log-linear model을 사용하였는데, 백여 년이 지난 지금 저산성 통조림 식품에서 보툴리누스균과 같은 병원성균을 감소시키기 위해 사용되고 있다. 식품위생 분야에서 '예측미생물학'은 Roberts와 Jarvis에 의해 처음 사용되었다.

예측미생물학에서 수학적 모델링은 여러 다른 환경조건에서 해당 미생물의 증식, 생존, 불활성과 같은 반응을 예측하기 위해 사용되었다. 생육온도, pH, 수분활성도 등이 조건으로 사용된다. 이러한 예측미생물학은 공정, 제품조성, 저장조건 등의 효과를 평가하기 위해 사용되고 있고, 식중독 등의 위해 평가와 HACCP와 같은 식품위생 관리과정에 함께 활용된다.

예측모델이 많이 활용되고 있지만, 여러 한계(가령, 미생물이 균일화된 균총으로 가정하지만 사실 그렇지 못한 점 등)도 가지고 있다. 많이 사용하는 소프트웨어로는 ComBase(2004년), FDA-iRISK(2012년), PMP(USDA, 1990년대) 등이 있다.

## 4. 국내 식품 관련 기관

한국농수산식품유통공사(Korea Agro-Fisheries & Food Trade Corporation)는 농수산식품산업 진흥 전문기관으로서 농업과 공업 간의 격차 완화를 위해 1967년 농어촌개발공사로 발족한 기관이다. 1986년 농수산물유통공사로 확대 개편한 이후 도매시장 육성, 유통 교육 및 정보 등 유통 조성사업을 강화하고 수출 진흥사업과 농수산식품 소비 촉진 사업으로 사업 영역을 확장하여 농어민의 소득 증진과 국민경제의 균형있는 발전에 기여해 왔다. 2012년에는 한국농수산식품유통공사로 사명을 변경하고, 우리 농업의 성장 동력이 될 농수산식품산업 지원 기능을 대폭 강화하는 등 차별화·전문화된 사업 구조와 기능으로 개편하는 데 주력하고 있다.

한국식품산업협회(Korea Food Industry Association)는 국민 보건 증진과 국내 식품 산업의 경쟁력 향상을 위해 설립된 사단법인이다. 1969년 10월 창단된 한국식품공업협회를 모태로 하고 있으며, 2015년 5월 한국식품산업협회로 명칭을 변경하였다. 이 기관은 식품위생 교육, 자율식품위생관리회 운영, 원료 공동구매 등의 업무를 수행하고 있다. 핵심 업무로 식품위생법에 따라 운영하고 있는 식품위생 교육은 한국식품산업협회 온라인 식품위생 교육 사이트(http://www.kfia.or.kr/)와 시도별 집합 교육의 형태로 시행하고 있다.

또한, 식품위생법과 고시 등 식품관련 법규 정보 제공을 목적으로 자율식품위생관리회를 운영하고, 기능성 식품 등에 대한 표시 광고 심의를 맡고 있다. 1970년부터 격월간 정기간행물 『식품공업』을 발행해 오고 있으며, 『식품위생법』, 『식품공전』, 『식품첨가물공전』과 같은 단행본을 발간했다. 이 밖에도 식품산업 주요 지표와 가공식품 세분화 시장 현황 조사, 연도별 연구보고서 등의 관련 자료들을 회원사에 제공하고 있다. 또한, 시장 전망이 밝은 해외박람회에 참여해 국내 식품업체들의 해외시장 개척 판로를 마련해 오고 있다.

한국식품연구원(Korea Food Research Institute)은 첨단 식품과학 기술을 이용하여 국가 농수산업과 식품산업 발전에 기여하기 위한 연구 활동을 추진하는 과학기술정보통신부 국가과학기술연구회 산하의 정부 출연 연구기관이다. 목적은 식품 분야의 산업 원천 기술 개발 및 성과 확산, 기술 지원 등을 통해 농림수산업 및 식품산업 발전과 국민의 삶의 질 향상에 기여하는데 있다.

이 기관은 1987년 12월 제정된 한국식품개발연구원 육성법에 의해 농수산물유통공사 종합식품연구원과 KIST 식품관련 연구부서가 통합하여 한국식품개발연구원이 설립되어 이듬해 5월부터 본격적인 운영에 들어갔다. 1991년 성남시 분당구에 새로운 청사를 준공하여 입주했으며, 1996년 특허청에 의해 식품분야 산업재산권 진단 및 평가기관으로, 1997년 국립기술품질원에 의해 가공식품 분야 국가 공인시험기관으로 지정된 바 있다.

또한 1998년 축산물 품질 검사 및 위생 교육기관, KS인증기관, 자가 품질 검사기관으로 각각 지정되었으며, 1999년 축산물 HACCP(축산물 위해요소 중점관리제도) 교육 훈련 기관으로 지정되었다. 2002년 식품위생 검사기관, 생명공학 및 식품가공 분야 벤처기업 평가 기관으로 지정되었으며, 2004년 한국식품연구원으로 개칭했다.

현재 한국식품연구원은 식품 기능성 규명, 신소재·신공정 연구개발, 식품 저장·유통·안전성 기술 연구개발, 전통식품의 세계화 연구개발, 식품 분석, 정보, 표준화 및 기반조성 연구개발, 기술정책 수립의 지원, 기술지원, 시험평가 인증, 인력 양성, 기술사업화 등 정부, 민간, 법인 단체 등이 위탁하는 사업 등을 수행하고 있다.

세계김치연구소(World Kimchi Institute)는 김치 관련 핵심기술을 연구하고, 김치 산업을 대표적인 식품산업으로 혁신시키기 위해 2010년 3월 10일 한국식품연구원의 부설기관으로 설립되었다. 또한, 2012년 5월 국립농산물품질관리원의 승인을 받아 김치 전문인력 양성기관으로 지정되었다. 2013년 1월 미생물 유전자은행을 구축했으며, 같은 해 3월 미래창조과학부의 산업기술연구회 산하로 소관부처가 변경되었다. 2014년 6월 소관연구회가 국가과학기술연구회로 변경되었다가 2017년 7월에 과학기술정보통신부 산하 단체로 편입되었다.

주요 사업으로는 김치의 원료와 제조 공정, 미생물 및 발효에 관한 연구에서부터 김치의 저장과 유통·포장·위생에 이르기까지 종합적인 김치 연구를 목적으로 삼고 있다. 또한 민간 업체가 수행하기 어려운 발효조절 기술, 저장기술 등 김치와 관련된 핵심 원천기술을 개발·보급하고, 김치의 재료인 배추의 육종과 시험 생산, 가공 관련 산업 발전을 위한 연구 사업도 함께 수행하고 있으며, 김치 유산균을 활용한 치매 예방, 항바이러스 물질 등 고부가가치 기능성 물질 개발을 위한 연구사업도 진행하고 있다.

# 제 2 장

# 미생물의 분류 및 세포 구조

## 1. 생물체의 분류

생물체에서 세포의 구조에 따라 진핵세포(eukaryote)와 원시핵세포(prokaryote)로 나누어지며, 진핵세포는 유전 정보를 담당하는 DNA가 막으로 둘러싸인 핵이 있으며, 핵의 분열 시 유사분열(mitosis)을 하기도 한다. 원시핵세포에서는 DNA가 존재하는 곳에 특정한 막이 없고 유사분열도 하지 않으며, 진핵세포에 비해 구조가 단순하고 원시적이다. 진핵세포는 동물, 식물, 원생동물, 조류, 곰팡이 및 효모를 들 수 있으며, 원시핵세포는 다시 archaebacteria와 eubacteria로 나누어진다. 전자는 매우 원시적인 균으로서 매우 작은 유전자를 갖고 고 염도나 고 온도, 혐기적 조건 등 극단적인 환경에서만 발견되어진다. 후자는 그 밖에 대다수의 일반 세균을 통칭하고 있다.

미생물은 일반적으로 육안으로는 보이지 않는 생물체를 말하며 진핵세포인 곰팡이와 원시핵세포 전체를 일컫는다. 미생물은 대부분 단세포가 많고 그 형태가 비교적 간단하나 환경 및 배지 조성에 따라 달라질 수 있다.

생물 분류는 1866년 E. Haeckel에 의해 처음 제시되었고, protista라는 용어가 미생물의 뜻으로 현재까지 사용되고 있다. 1962년 R.Y. Stainer와 C. B. van Niel은 진균류, 조류, 지의류 등 진핵세포를 가지는 고등 미생물과 원시핵세포를 가지는 하등 미생물로 분류하였다. 1969년 Whittaker는 5계설을 주장하였으며, 이는 원핵생물계(세균, 방선균, 남조류), 원생생물계(미세조류, 단세포의 원생동물), 균류계(곰팡이, 버섯, 효모 등의 진균류), 식물계 및 동물계로 분류하는 방법이다. 그러나 최근에는 유전학의 발달로 16S rRNA와 18S rRNA의 염기서열에 따라 더욱 분류되어 현재 약 170만 여 종의 생물들을 3역 6계로 분류하는 것을 채택하고 있다.

표 2-1. 3역 6계의 생물 체계

| | |
|---|---|
| 세균계 | 진정세균역(eubacteria) |
| 고세균계 | 고세균역(archaebacteria) |
| 원생생물계 | 진핵생물역(eukaryotes) |
| 균계 | |
| 식물계 | |
| 동물계 | |

미생물 중 고세균은 비교적 작은 유전체를 가지고 있으며, 호염성이거나 메탄을 만들어 내거나, 호온성 균들이 있다. 진정세균은 일반적인 세균으로서 프로티오박테리아, 그람양성 진정세균, Cyanobacteria, *Chlamydia, Plactomyces, Bacteroides*와 Flavobacteria, 초록황세균, *Spirochetes, Deinococcus,* 초록비황세균과 혐기성 광합성세균, *Thermotoga*와 Thermosulfobacteria, *Aquiflex* 등 12개의 소그룹으로 나누어진다.

## 2. 형태에 의한 세균의 분류

세균의 형태에 따라 크게 간균(bacillus), 구균(coccus), 나선균(spirillum)으로 나누고 있다. 구균은 분열 후 형태에 따라 쌍구균(diplococcus), 4연 구균(pediococcus 또는 tetracoccus), 8연 구균(sarcina), 연쇄 상으로 길게 이어진 연쇄상 구균(*Streptococcus*), 포도와 같이 뷸규칙적인 덩어리로 모이는 포도상 구균(*Staphylococcus*)으로 나누어진다(그림 2-1).

## 3. 그람염색에 의한 세균의 분류

그람염색법(Gram staining method)은 1884년 C. Gram에 의해 제시되었고, 세포벽의 특성에 따라 분류하는 방법으로서 오래 전부터 사용하여 왔다. 방법으로서 그림 2-2와 같이 slide 상에 균체를 고정하고 보라색의 crystal violet을 사용하여 염색하고 iodine으로 처리하여 crystal violet을 세포 내에 고정한다. 알코올로 탈색시킨 후 대비염색으로서 분홍색의 safranin을 사용하여 현미경으로 관찰하는 방법으로 보라색으로 염색되면 그람양성이라 하고, safranin에 의해 분홍색으로 관찰되면 그람음성이라고 한다.

이 방법으로 간상 또는 구상의 균체 모양도 함께 관찰될 수 있다. 그람양성과 음성균의 세포벽은 그림 2-3과 같이 이루어져 있다.

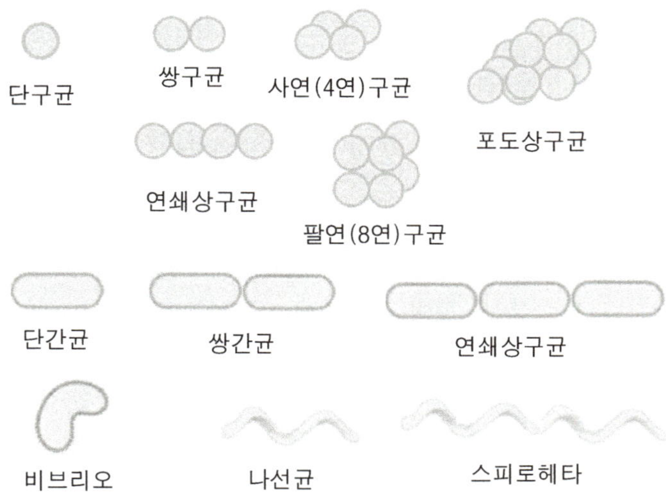


그림 2-1. 세균의 형태

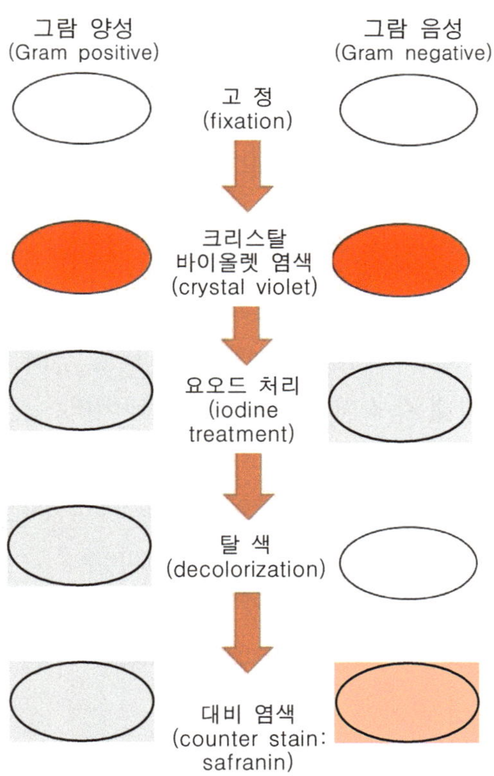


그림 2-2. 그람염색 과정

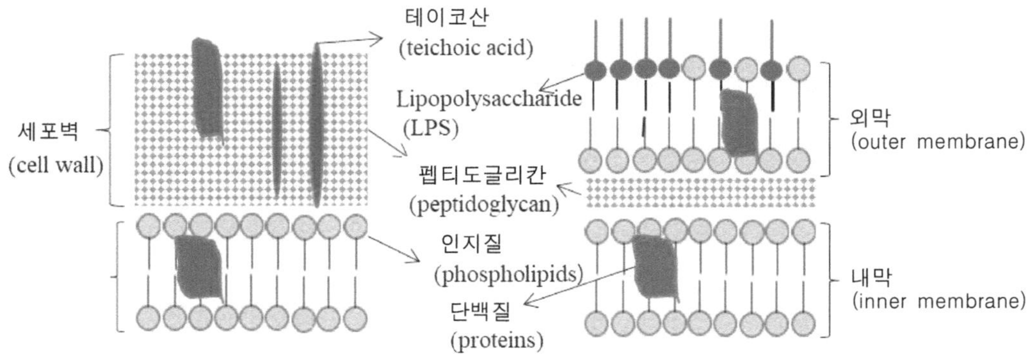


그림 2-3. 그람 양성과 음성의 세포벽 구조

그람 양성균의 세포벽에는 teichoic acid가 존재하며, 이 물질에는 glycerol phosphate 또는 ribitol phosphate와 탄수화물이 phosphodiester bond를 통하여 결합되어 있고 음전하를 띠므로 $Mg^{2+}$이나 $Ca^{2+}$과 결합할 수 있는데, 일부 바이러스의 수용체 역할을 하기도 한다. 또한 이 물질은 세포벽 내에 N-acetylmuramic acid나 지질과 공유결합을 하고 있는데, 이때 glycerol phosphate 부분이 관여하며, lipoteichoic acid라고 한다.

반면 그람 음성균에서는 외막에 지질과 oligosaccharide의 복합체인 lipo-polysaccharide(LPS)를 가지고 있으며, 환경 적응에 중요한 역할을 하며 혈청학적 분류에서 항원으로서도 매우 중요하다. 구조상 보면 제일 안쪽은 lipid A라는 지질 부분 N-acetyl 외막의 LPS층은 세포막에서는 발견되지 않으며, 서로 구별되는 3부분으로 나누어진다.

가장 안쪽은 lipid A라고 불리는 지질로서 acetylglucosamine disaccharide로 $\beta$-hydroxymyristic acid, caproic acid, lauric acid 등의 지방산이 결합되어 있다. 이 부분은 장내 독소의 역할을 하며, 바이러스 감염 시 수용체 역할을 한다. Lipid A 바깥쪽의 다당류 부분은 core polysaccharide와 *O*-polysaccharide가 연결되는 구조를 갖추고 있으며, core polysaccharides의 구성 성분은 포도당, galactose, *N*-acetylglucosamine, 2-keto-3-deoxy-octonic acid 및 7탄당으로 구성되어 있고, *O*-polysaccharides는 포도당, galactose, rhamnose, mannose와 일부 deoxy sugars로 구성되며, 보통 3~5개의 당이 반복되는 구조로 되어 있다.

또한, 외막에는 포린(porin)이라는 단백질이 3~4개 회합되면서 분자량이 작은 수용성 분자들(약 500~10,000 Da)이 통과할 수 있도록 하는 통로 역

표 2-2. 그람 양성과 그람 음성균의 생리학적 특성 비교

| 특 성 | 그람 양성 | 그람 음성 |
|---|---|---|
| 구균 | 있다 | 드물다 |
| 내생 포자 | 있다 | 드물다 |
| 병원성 | 독소형 | 세균성 |
| 물리적 처리(가열, 건조 등) | 내성이 있다 | 내성이 약하다 |
| 화학적 처리(살균제, 보존료 등) | 내성이 약하다 | 내성이 있다. |

할을 한다. 이 외에 그람 양성균과 음성균의 생리적 특성은 표 2-2와 같다.

## 4. 세포의 구조

### 4.1 원시핵세포

원시핵세포들은 보통 지름이 5㎛ 미만으로 진핵세포보다 작다. 막으로 둘러싸인 소기관은 없으며, 유기물이나 유기물이 덩어리로 뭉쳐 있는 봉입체(inclusion body), 다양한 액포(vacuole) 등이 관찰된다(그림 2-4).

- **점질층 또는 협막(microcapsule 또는 glycocalix):** 건조 등의 환경적인 요인에서 세포를 보호하며, 성분은 균체에 따라 다르나 주로 다당류나 polypeptide 중합체이다.

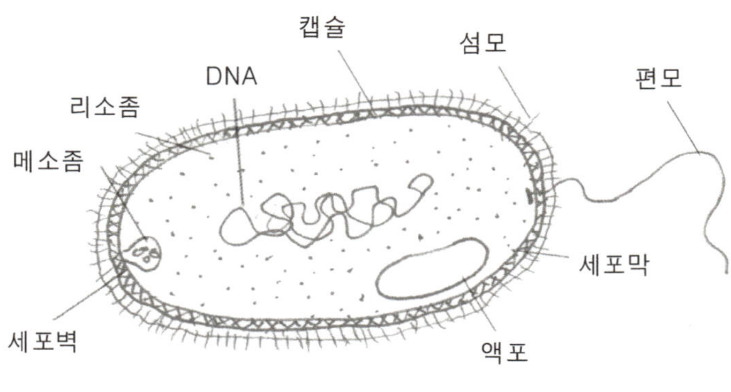


그림 2-4. 원시핵세포의 구조

- **세포벽:** 세포의 형태를 결정하며, 물리적인 보호를 한다. 주요 물질은 peptidoglycan으로서 *N*-acetylglucasamine(NAG)와 *N*-acetylmuramic acid(NAM)이 $\beta$-1,4 결합으로 이루어지고, 다른 glycan과는 tetra-peptide와 연결되어 있다. 여기서 peptide는 균주에 따라 약간씩 다르긴 하지만 주로 L-alanine, D-glutamic acid, L-lysine 또는 diamino-pimelic acid(DAP), D-alanine 순으로 되어 있다. 번식은 간단한 이분법(binary fission)에 의해서 세포분열을 일으킨다.

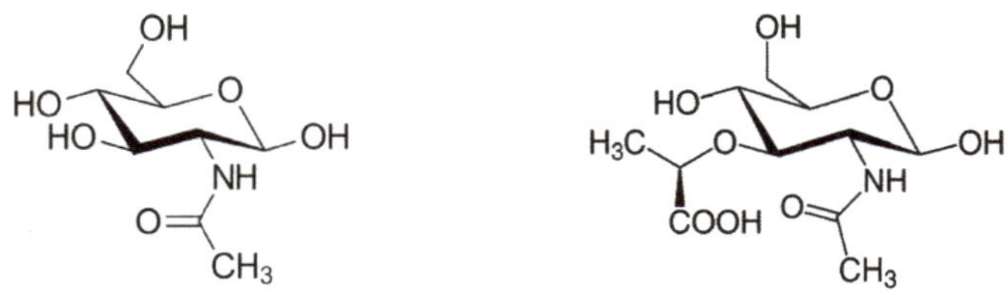

*N*-Acetylglucosamine *N*-Acetylmuramic acid

- **세포막:** 영양분이 수송 통과되는 곳이다. 인지질이 2분자 층으로 matrix로 전체의 50～70%를 차지하며, 나머지는 단백질로 이루어져 있다.
- **편모:** 운동력을 가지며, flagellin이라는 단백질로 이루어져 있다. 균체 혈청학적 분류에서 매우 중요한 역할을 한다.
- **선모:** 균체의 부착기관이지만 운동성과는 관계가 없으며, pilin이라는 단백질로 이루어져 있으며, 유전적 전달 기구로 사용되어진다.
- **Mesosome:** 세포질 쪽으로 치우쳐 있으며, 세포분열과 호흡이 관여되는 부위로 단백질과 지질로 이루어져 있다.
- **리소좀:** 단백질 합성을 하며, 60% RNA와 40% 단백질로 이루어져 있다. 입자의 크기는 70S로서 30S와 50S 두 가지 subunit로 이루어져 있다. 30S subunit는 21종의 단백질과 1가지의 rRNA(16S)로 이루어져 있고, 50S subunit는 31종의 단백질과 2가지의 rRNA(23S, 5S)로 이루어져 있다.
- **염색체:** 유전 정보를 가지며, DNA로 이루어져 있다. 균체에 따라 작은 분자량의 plasmid도 존재한다. 세포당 1개의 염색체가 있는데, 세포질 내에 핵양체(nucleoid) 부위에 위치한다. DNA는 대부분 원형이나

일부 원시핵세포에서는 선형일 수도 있다.

- **포자:** 열이나 건조 등 악조건에서 저항을 가진 포자가 형성되는 균주가 있으며, 이로써 균을 외부로부터 보호하는 역할을 한다. Dipicolinic acid 칼슘 복합체로 이루어져 있다.

## 4.2 진핵세포

진핵세포들은 일반적으로 원시핵세포보다 크며, 다양한 막으로 둘러싸인 소기구들을 포함한다(그림 2-5). 식물인 경우 광합성을 수행하는 세포에는 엽록체(chloroplast)도 있다. 진핵세포들의 DNA는 여러 개의 선형 염색체를 이루며, 이중 막으로 둘러싸인 핵(nucleus) 안에 위치한다. 세포벽으로 둘러싸여 있는 경우 세포벽은 섬유질 및 그와 유사한 베타-글루칸, 키틴, 실리카 등이 존재하며, 증식은 유사분열(mitosis)이라는 복잡한 과정을 거쳐 세포분열을 일으키고, 보통 감수분열 과정을 포함하는 유성생식의 생활사를 갖는다. 효모는 출아법으로 증식하기도 한다.

- **세포벽:** 세포의 형태를 결정하며, 물리적인 보호를 한다. 원시핵세포보다 두껍고 견고하다. 효모에서 주요 물질은 대부분 mannoprotein(50%), $\beta$-glucan(50%)이며, chitin도 약간 존재한다. 효모인 경우 $\beta$-glucan은 외부로는 $\beta(1\rightarrow6)$으로 존재하고, 내부에는 $\beta(1\rightarrow3)$으로 존재한다. 곰팡이인 경우 chitin과 섬유소가 주성분이다.

- **세포막:** 영양분이 수송 통과되는 곳이다. 대부분 지질로 이루어져 있으나 원시핵세포 보다 매우 다양하며, sterol이 함유되어 있어 막을 견고히 한다.

- **리보솜:** 단백질 합성 기능을 갖는 입자로서 80S의 침강계수를 가지며, 60S와 40S 두 가지 subunit로 이루어져 있다. 30S subunit는 21종의 단백질과 1분자의 16S rRNA로 이루어져 있고, 50S subunit는 31종의 단백질과 2분자의 rRNA(23S, 5S)로 이루어져 있다.

- **핵:** 구형으로 핵막으로 둘러싸여 있으며, 내부에 유전정보를 가진 염색체가 있다. 핵막에는 구멍이 있어 소포체와 연결되어 있다. 또한, 구형체의 인이 있어 rRNA를 합성한다. 염색체에는 DNA가 histone과 같은 여러 핵단백질과 결합된 nucleosome을 형성하여 섬유모양으로 존재하

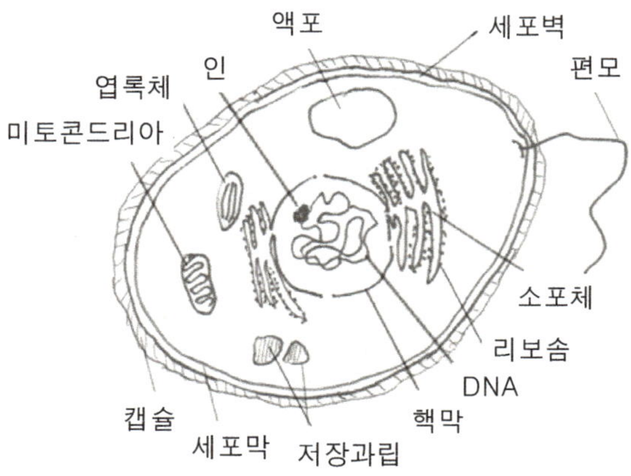


그림 2-5. 진핵세포의 구조

며, 이를 염색사(chromatin)라고 한다. 분열 시에는 서로 모여 막대 모양인 chromosome을 형성한다.

- **소포체:** 긴 관 또는 주름진 주머니 모양으로 막은 단백질 및 지질로 이루어져 있고 핵막, 미토콘드리아 또는 엽록체 등과 연결되어 있다. 리보솜이 부착되면 거친 표면으로 보여 조면 소포체(rough-surfaced endoplasmic reticulum, RER)라고 불리우며, 단백질 합성이 일어나는 곳이다. 반면 세포질 외부로 있는 소포체는 표면이 매끄러운 활면 소포체(smooth-surfaced endoplasmic reticulum, SER)라고 불리며, 지질 합성이나 물질 이동 통로이기도 하다.
- **골기체:** 납작한 주머니 모양의 낭체로 소포체와 연결되어 있기도 하며, 주로 단백질이나 지질을 저장 및 분비하는 곳이다. 또한 탄수화물을 합성하고, 단백질과 축합하여 glycoprotein이 합성되는 곳이기도 하다.
- **미토콘드리아:** 에너지를 만드는 곳이며, 내부에 cristae라는 표면적이 넓은 주름진 막이 있으며, 그 내부를 matrix라고 한다. TCA를 통해 에너지인 ATP를 생산하거나 지방산이 $\beta$-oxidation을 통해 acetyl CoA로 되어 연소되는 곳이다.
- **리소좀:** 세포 내로 들어 온 외부의 입자를 여러 가지 분해효소에 의해 소화시키는 곳이다.

- **액포:** 성숙세포에서 많이 볼 수 있으며, 식물이나 균사체에서 많이 발견되어진다. 압력 조절이나 아미노산, 핵산 전구물질, 인산 등의 저장고로서 역할을 하기도 한다.

- **퍼옥시좀:** 세포 내의 과산화수소를 제거하는 catalase와 같은 산화효소가 존재하며, 또한 glyoxylate 대사 경로에 관여하는 효소가 있어 글리옥시좀(glyoxisome)이라고 불린다.

## 5. 곰팡이의 구조

곰팡이는 진핵세포로서 다세포로 이루어져 있다. 곰팡이는 포자로 퍼져 번식하기도 하지만 2~10㎛의 지름을 가진 관상 구조의 실 모양의 균사(hyphae)를 가지고 있어 주변으로 퍼져나가 번식한다. 이때 기질의 표면이나 안으로 퍼져 나가는 경우를 기중균사라고 하며, 위의 공중으로 뻗어 나가는 균사를 영양균사라고 한다.

균사에는 격벽(septum)이 있는 것과 없는 것이 있다. 격벽이 없는 것으로는 호상균류, 난균류, 접합균류 등 조상균류가 있으며, 격벽이 있는 것은 자낭균류, 담자균류, 불완전균류 등의 순정균류가 있다(그림 2-6).

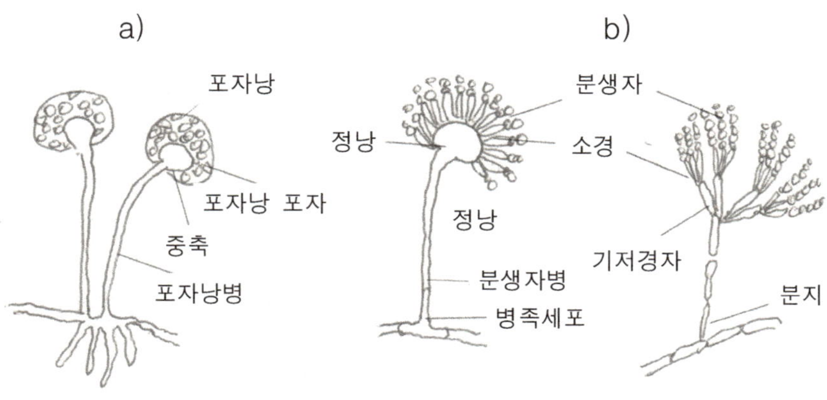


그림 2-6. 곰팡이의 형태

a) 포자낭 포자 곰팡이, b) 분생 포자 곰팡이

# 제 3 장

# 미생물의 생육

## 1. 생육 곡선

균은 일정한 배양조건에서 증식을 하며, 그 증식 형태는 대개 S자(sigmoid) 형태를 갖는다(그림 3-1).

### 1.1 유도기

이 시기는 접종 후 새로운 환경에 적응하는 시기라고 할 수 있으며, 증식의 준비 단계라 할 수 있다. 새로운 환경, 즉 배지의 영양 조성 등을 인식하고 이에 적응하기 위해 필요한 효소, 즉 단백질 합성이 촉진되어 RNA 함량이 증가하고, 균체는 성장하기도 한다. 이 시기에서는 균이 성장하거나 균수는 거의 증가하지 않는다.

유도기의 시간은 접종 시의 균이 신선하지 않거나 배지 조성이 바뀌었을 때는 일반적으로 길어진다. 발효산업에서는 미생물의 유도기를 최소화시키려고 노력하며, 이를 위하여 접종량을 높이거나 전 배지를 본 배양과 같은 배지를 사용하기도 한다. 일반적으로 접종 균을 대수 증식기 중반의 균을 사용하는 것이 좋다.

### 1.2 대수증식기

새로운 환경에 적응한 균은 대수 증식을 하며, 기하급수적으로 증가한다. 균체 크기가 일정하고 생물학적 활성이 활발한 시기이며, 물리적이나 화학적 환경 요인에 매우 민감한 시기이기도 하다. 즉, 세포는 생리기능이 높아지면서 효소의 분비가 시작되고, 생성되는 미생물이 사멸되는 속도보다 증식 속도가 월등히 빠르다. 이때가 균형 증식(balanced growth)의 시기이며, 세포의 평균 조성이 거의 일정하게 유지된다.

### 1.3 정지기

세포 수가 최대가 되는 시기이며, 증식 속도와 사멸속도가 동일하여 전체적으로 균체 수가 일정하다. 이때 아포형성균은 내생포자가 형성되기도 한다. 영양분 및 산소량이 고갈되기 시작하며, pH는 계속적으로 내려간다. 대사산물일 때 발효물의 생산량이 최대가 되며, 이때 젖산, 알코올 등이 생산된 발효물 자체가 균체 성장 및 증식에 제어작용을 하여 증식의 저해가 일어난다. 또한 균체의 양은 균체 밀도와 관계가 있으며, 일반적으로 균체량이 $10^{10}$ CFU/mL 이상일 때 풍부한 영양분과 적정 물리적 환경이라 할지라도 더 이상 증식이 되지 않는다.

대수적으로 증가한 세포는 일정 시간이 지나면 영양물질의 고갈, 대사산물의 축적, 효소의 분비도 가장 많아진다. 대사산물 중 항생물질과 같은 2차 대사산물은 비증식 관련(non-growth associated) 산물이므로 이 시기에 생성되기도 한다.

### 1.4 사멸기

정지기 말기에 영양분이 고갈되거나 생육 저해물질의 축적으로 인해 사멸기가 시작된다. 미생물의 생육이 정지되면 여러 가지 가수분해 효소 즉, 핵산 분해효소에 의한 DNA 및 RNA의 분해, 단백질 분해효소에 의한 단백질

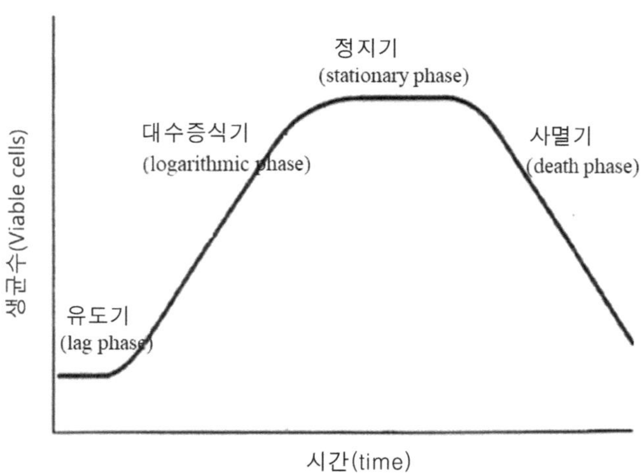


그림 3-1. 세균의 생육 곡선

의 분해, 세포벽 분해효소에 의한 세포벽의 분해 등에 의한 세포 구조가 파괴되고, 대사 효소가 변성되며, 그 활성을 잃게 된다. 일부 균들은 이들 자신들의 효소작용으로 자가분해(autolysis)되어 용해되기도 한다.

## 2. 균체 측정법

일반적으로 균수 및 균체 측정은 다음과 같은 방법으로 실행한다.

### 2.1 표준평판법

가장 일반적인 생균수 측정 방법으로 그 예는 다음과 같다. 시료를 0.1% 펩톤 용액이나 0.8% 생리 식염수를 가하되 적당 농도가 될 때까지 희석한다. 시료가 고체인 경우 균질기의 일종인 stomacher로 시료를 균질화한 다음 희석한다. 이때 믹서기는 과격한 물리적인 힘으로 세포가 파괴되거나 마찰열에 의하여 세포가 사멸될 수도 있다. 더 나아가 믹서기로 처리할 경우 ATP와 같이 세포 내 물질에 의한 간접적으로 균수를 측정할 경우 식품인 동물이나 식물 세포 내의 ATP도 같이 혼재되므로 균수 측정에 오류를 범할 수 있다.

0.1% 펩톤 용액이나 0.8% 식염수로 100배 또는 10배 단위로 점차적으로 적당히 희석하고, 희석액 0.1 mL를 고체 배지(일반적으로 비선택성 배지)에 도말하고 적당한 기간(1~2일) 동안 최적 조건에서 배양하여 형성된 집락의 수(colony-forming unit, CFU)를 계수한다. 혐기성 균인 경우는 희석액 1 mL에 굳기 전의 agar 배지를 붓고 온화(gentle)하게 혼합하여 서서히 굳힌 다음 배양한다.

표준평판법은 생균수만을 측정하는 방법으로 시료 당 준비되는 희석액 및 배지의 제조시간 및 인력도 많이 소모된다. 또한 일부 미생물은 온도 및 산소 공급 등 여러 가지 물리적 조건에 생육이 잘 안 되는 경우가 있어 총 균수 측정 시 사전에 생리적 특성을 인지할 필요가 있다.

### 2.2 탁도 측정법

비색계(spectrophotometer)를 이용하여 550~650 nm 파장에서 흡광도를 측정하는 방법으로, 측정 전 균수에 따른 흡광도를 측정한 표준곡선(standard curve)를 필요로 한다. 그러나 흡광도는 $10^7$ CFU/mL 이상에서 탁도를 나타내므로 그 이하의 적은 수의 균수는 측정 불가능하다. 따라서 적은 균수로 시작되는 생육 곡선에서 유도기를 직접 측정할 수는 없다.

또한, 탁도가 매우 클 경우(보통 흡광도가 0.5∼0.7 이상인 경우) 정확한 균수 측정이 어려우므로 이때 적당 비율로 희석하여 측정하여야 하는 단점이 있다. 사균 및 생균이 포함된 균수를 측정하며, 간단하고 신속하므로 실험실에서 증식 중의 미생물을 정량할 때 많이 사용한다.

### 2.3 막 여과법

주로 점도가 낮고 균수가 비교적 적은 물이나 음료수에서의 균을 측정할 때 사용한다. 경우에 따라 균체 농축의 효과가 있다. 여과막은 0.22 또는 0.45㎛의 막을 사용하여 여과하며, 걸러진 막을 고체 배지에 얹어 1∼2일 배양 후 콜로니(colony) 수를 계수하는 것으로 비교적 간단하다. 이 방법은 생균수 만 측정 가능하다.

### 2.4 Spiral plate법

기기를 사용하는 방법으로, turntable과 같이 유사한 plate에 agar 배지를 얹고 돌리면서 중심으로부터 capillary tube를 외부로 움직이게 하여 시료를 주입하여 균체를 접종하는 방법이다. 이 방법은 많은 양의 희석액이 필요 없고 시간당 50∼60 plates를 처리할 수 있어 노동력이 절감된다(그림 3-2).

시료의 균체 농도가 $10^4$ cells/mL 이상이어야 하며, 채취되는 시료는 0.0018 mL이다. 사용되는 시료에 작은 입자의 불순물은 capillary tube를 막게 하므로 사용할 수가 없다. 균수가 많은 경우 counting grid plate를 이용하여 특정 일부 영역에서 계수한다(그림 3-3).

그림 3-2. Spiral plater 기기

(출처: https://en.wikipedia.org.)

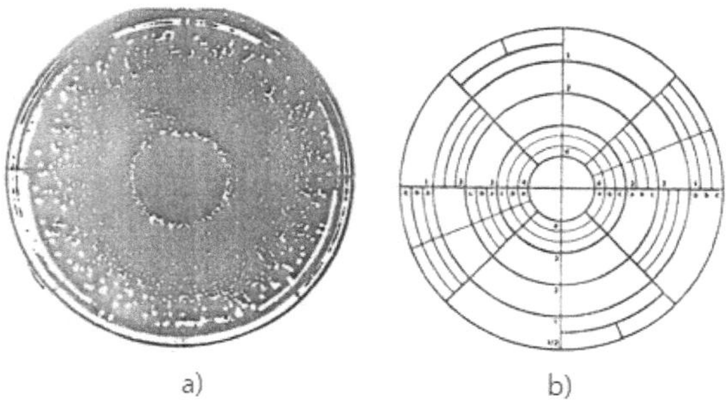


그림 3-3. Spiral plate법

a) petri dish 상에서의 콜로니, b) counting grid plate

(출처: Jay et al., 2005)

## 2.5 현미경을 이용한 계수법

직접적으로 균수를 측정하는 방법으로 세균 시료를 적정 희석 후 눈금이 있는 slide 형태의 counting chamber(효모인 경우 haemacytometer, 세균인 경우 Petroff-Hausser)를 넣고 현미경으로 계수하여 측정하는 방법이다. 생균과 사균이 함께 계수되며, 신속하게 결과를 볼 수 있다(그림 3-4).

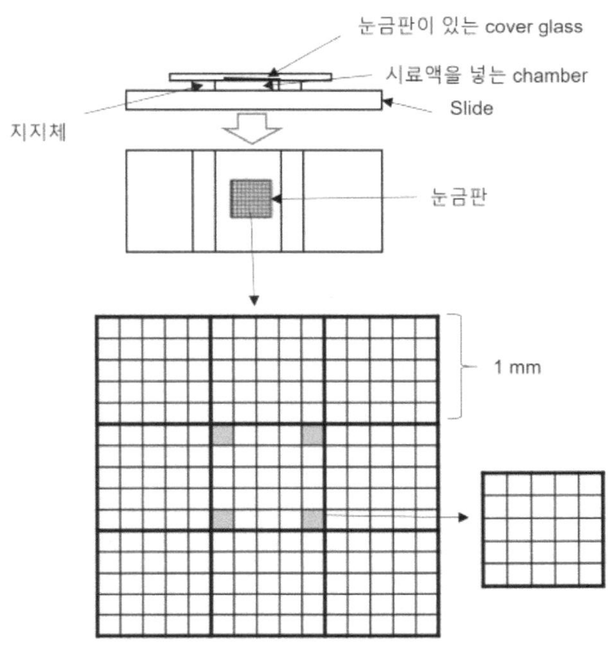


그림 3-4. 혈구계수기를 이용한 균체 수 측정

# 3. 미생물의 생육 인자

## 3.1 물리적 인자

### 1) 수분활성도와 삼투압

식품 내의 물은 자유수(free water)와 다른 분자에 결합되어 있는 결합수(bound water)로 나누어지며, 자유수는 수용성 물질의 용매로서 작용하지만, 화학적 반응에 직접 참여하기도 한다. 또한, 자유수는 미생물의 생육에 매우 중요하며, 용질의 성격에 따라 물로서의 능력이 떨어진다. 예를 들면 순수한 물일 때의 증기압은 용질이 있는 물(용액)보다 증기압이 크다. 이 비를 수분활성도(water activity, $A_w$)라고 한다.

$A_w = P_{soln}/P_{water}$ ($P_{soln}$: 용액의 증기압, $P_{water}$: 순수한 물의 증기압)

수분활성도는 항상 1보다 작으며, 용질은 수용성이어야 한다. 또한 전분이나 단백질같이 분자량이 큰 물질은 수분활성도에 영향을 미치지 않는다. 식품의 수분활성도가 낮을수록 미생물의 생육이 어려우며, 일반적으로 수분활성도가 세균은 0.94～0.99, 효모는 0.88～0.94, 곰팡이는 0.80 이상에서 생육한다.

수분활성도와 삼투압은 밀접한 관계를 가지고 있으며, 수분활성도가 낮을수록 삼투압은 커진다. 미생물의 종류에 따라 수분활성도 낮은 식품에서 생육되기도 하는데, 미생물의 내삼투압성 특징에 따라 다음과 같은 종류가 있다. 즉, 높은 염 농도에서 잘 적응하여 자랄 수 있는 균인 호염성균(halophile), 수분활성도가 0.6 이하인 삼투압이 큰 용액에서 자랄 수 있는 호삼투압성균(osmophile)과 수분이 작은 곳에서 자랄 수 있는 호건성균(xenophile) 등이 있다.

일반적으로 세포는 전해질을 가지고 있으며, 주변 물의 염 농도와 일치하는 것이 바람직하다. 세포 외의 염 농도가 높을 경우를 고장액(hypertonic solution)이라고 하며, 물은 내부에서 외부로 이동하여 세포벽과 원형질막 분리(plasmolysis)가 일어난다. 반대로 세포 외의 염 농도가 세포가 내부보다 작을 경우 이를 저장액(hypotonic solution)이라고 하며, 물은 세포 외부에서 내부로 이동하고, 이때 세포가 팽창되어 적혈구와 같이 세포벽이 없는 경우 원형질막이 파괴된다. 세포의 외부와 내부의 전해질 농도가 같을 경우를 등

장액(isotonic solution)이라고 한다.

### 2) 온 도

온도는 화학 반응에서 에너지를 공급하며, 세포 내의 대사 활동에 밀접한 영향을 주며, 이에 따라 세포의 물리적 구조, 효소 반응물의 생산 또는 억제, 세포의 화학 조성 등에 영향을 미친다. 온도에 따른 미생물의 내성은 균의 종류와 균수, 영양 조건, 주변의 수분활성도나 pH 등의 물리적 환경에 따라 다르며, 미생물마다 생육의 최적 온도를 갖고 있다. 온도가 최적 조건 이상으로 높아지면 세포 내의 여러 가지 효소 및 DNA의 열 변성 등이 일어나 사멸하며, 생균수가 급격히 떨어진다.

그림 3-5는 온도에 따르는 미생물의 종류를 나타내었다. 여기서 저온성균(psychrotroph)이란 15～20℃에서 최적온도를 가지지만 냉장온도에서도 자랄 수 있는 균을 말하며, 대표적인 예는 *Pseudomonas* spp.가 있다. 호냉성균(psychrophile)은 생육 최적온도가 15℃인 균을 말하며 *Flavobacterium* spp.가 있다. 중온성균(mesophile)은 30～40℃에서 최적온도를 갖는 균을 말하며 가장 보편적이다. 또한 열에 내성이 있는 균을 내열성균(thermoduric)이라고 하며, 50℃와 같이 온도가 높은 조건에서 잘 자라는 균을 고온성균(thermophile)이라고 한다. 내성포자를 형성하며, 대표적인 예로는 *Bacillus stearothermophilus, Clostridium thermosaccharolyticum*이 있다.

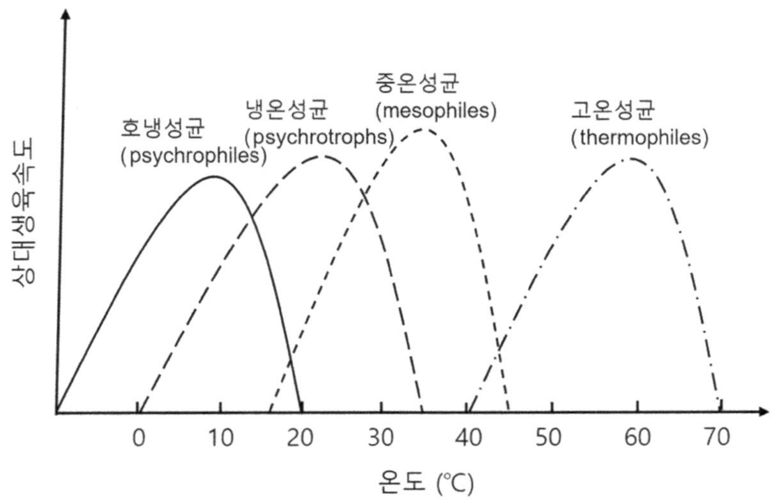


그림 3-5. 생육 온도에 따르는 세균의 종류

### 3) pH

pH는 기질과 효소의 반응에서 각 분자 간의 이온성을 부여하여 대사 활성에 영향을 주므로 매우 중요하다. 또한 세포 내와 외부의 $H^+$의 농도 차는 생체막의 물질에 대한 전달 체계에 영향을 주기도 한다. 대부분 세균은 pH 5~9에서 생육하며, 최적 pH는 6.5~7.5 정도이다. 곰팡이는 비교적 산성에서도 잘 자라며 pH 1.5~9.0의 넓은 범위에서 생육할 수 있지만, 최적 pH는 4~6 정도이다(그림 3-6). 특히 일부 세균은 특정 pH에서도 자라는데 *Thiobacillus thiooxidans*는 pH 0~1에서, *Nitrobacter nitrosomonas*는 pH 13에서도 생육이 가능하다.

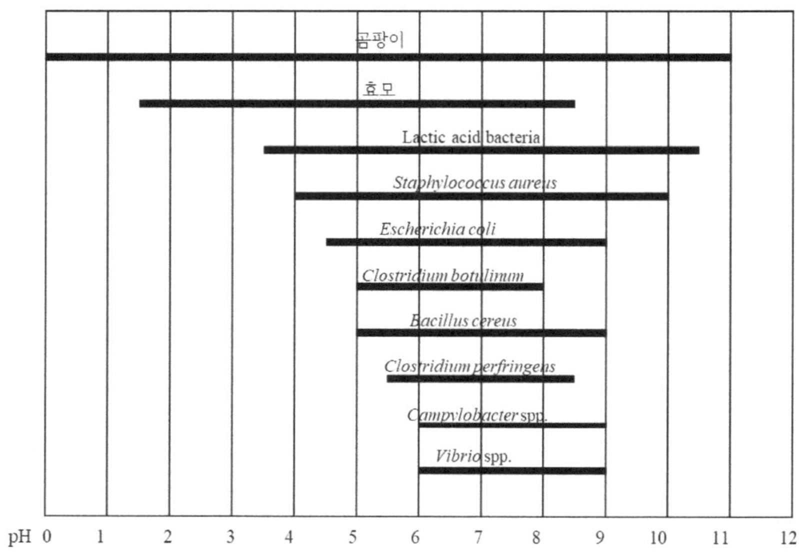


그림 3-6. 미생물 생육을 위한 pH 범위
(출처: Jay et al., 2005)

### 4) 산소 및 산화환원전위

공기에는 약 21%의 산소가 존재하고, 미생물의 호흡에서 산화 반응에 매우 중요하다. 이때 최종 산물인 반응성이 큰 과산화수소, 과산소(superoxide) 등이 형성되고, 이는 DNA나 지질의 산패를 촉진시킨다. 따라서 산소의 요구량은 미생물의 특성에 따라 다르다. 실제로 식품에 있어서 산소의 양보다 산화환원의 전위차(oxidation reduction potential, ORP)가 중요하다.

이 전위차는 식품 내 성분(기질)이 산화 또는 전위가 얼마나 쉽게 일어나느냐 하는 척도이며 mV로 표시한다. 양(+)이면 산화 정도가 크고 호기적 조건이며, 대표적으로 과일주스를 들 수 있다. 환원이 많으면 혐기적 상태로 음(-)의 값을 지니며 장내 물질, 치즈, 고기 등을 들 수 있다.

절대호기성균(obligate aerobe)은 산소가 없으면 생존할 수 없으며, 대부분 곰팡이와 효모, 세균으로는 *Aerobacter*속, *Pseudomonas*속, *Gluconobacter*속 등이 있다. 이 균은 과산화물이나 과산소를 신속히 제거할 수 있는 효소 즉, superoxide dismutase(SOD), catalase, peroxidase 등이 있어 세포가 보호된다. 통성혐기성균(facultative anaerobe)이란 산소가 있으면 잘 자라지만 없어도 자랄 수 있는 균이다. 대표적으로 장내세균 및 대장균군이 여기에 속한다.

미호기성(microaerophile)은 일반적인 산소 농도에서는 자랄 수 없으나 적은 양의 산소(2～10% 정도)를 요구하는 균으로 *Campylobacter*속, *Helicobacter*속 등이 여기에 속한다. 절대혐기성균(obligate anaerobe)은 산소가 있으면 생존을 못 하는 균을 말한다. 과산화물을 제거할 수 있는 효소는 없으며 발효나 광합성으로 에너지를 얻는다. 대표적인 예로 *Clostridium botulinum, Bifidobacterium* 등이 있다.

## 3.2 영양 인자

모든 생물체는 성장과 번식을 위하여 영양원과 에너지를 공급받아야 하며, 영양원은 유기물질 또는 무기질로부터 얻는다. 모든 대사산물을 합성할 수 있는 생물체를 독립영양생물이라 하고, 대사산물을 외부로부터 얻는 경우를 종속영양생물이라고 한다. 독립영양생물에 있어서 에너지를 빛에서 얻으면 광독립영양생물이라 하고, 화학물질에서 얻으며 화학영양생물이라고 분류한다. 구체적인 정의는 표 3-1과 같다.

일반적으로 미생물 성장 및 번식에 필요한 영양인자 농도에 따라 비증식 속도(specific growth rate)는 그림 3-7과 같은 Monod 형태를 가지며, 이에 대한 관계식은 다음과 같다. 배지의 종류에 따라 증식 속도가 다름을 알 수 있으며, Ks가 작을수록 배지에 대한 친화력이 좋은 것을 알 수 있다.

$$\mu = \mu_{max} \cdot S / (Ks + S)$$

Ks: saturation constant
S: concentration of substrate (or culture nutrient)

표 3-1. 영양 요구성에 따른 생물 분류

| 분 류 | 에너지원 | 전자원 | 탄소원 | 예 |
|---|---|---|---|---|
| 화학영양생물 (Chemotroph) | 화학물질 | | | |
| 광영양생물 (Phototroph) | 빛 | | | |
| 유기영양생물 (Organotroph) | | 유기물 | | |
| 무기영양생물 (Lithotroph) | | 무기물 | | |
| 독립영양생물 (Autotroph) | | | $CO_2$ | |
| 종속영양생물 (Heterotroph) | | | 유기물 | |
| 화학유기종속영양생물 (Chemoorganoheterotroph) | 유기물 | 유기물 | 유기물 | 동물, 곰팡이, 원생동물, 대부분 세균 |
| 화학무기독립영양생물 (Chemolithoautotroph) | 무기물 | 무기물 | $CO_2$ | 일부 세균 |
| 광무기독립영양생물 (Photolithoautotroph) | 빛 | 무기물 | $CO_2$ | 식물, 대부분의 조류, 일부 세균 |
| 광유기종속영양생물 (Photoorganoheterotroph) | 빛 | 유기물 | 유기물 | 조류, 일부세균 |

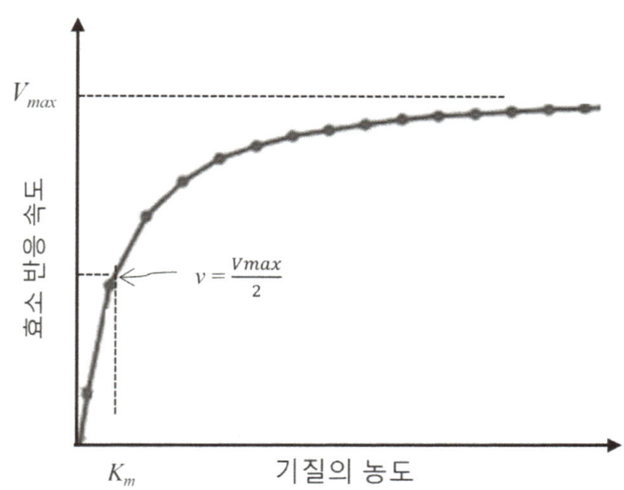


그림 3-7. 기질 농도에 따른 미생물 성장 속도
(출처: Waites et al., 2006)

### 1) 탄소원

탄소원(carbon source)은 미생물 대사에 매우 중요하며, 주로 세포벽이나 그람음성균의 외막의 lipopolysaccharide(LPS), 핵산(RNA 또는 DNA)의 구성원이기도 하지만 주로 에너지원으로 사용된다.

탄소원의 종류는 전분, 셀룰로오스와 같은 다당류, 맥아당, 젖당(유당), 설탕과 같은 이당류, 포도당, 과당 등과 같은 단당류가 있으며, 그 요구성 및 배지 농도는 균주의 특성에 따라 다르다. 일반적으로 곰팡이 및 *Bacillus subtilis*와 같은 세균은 전분을 가수분해하는 효소가 분비되므로 전분을 사용하며, 일반적 세균과 효모는 이당류 또는 단당류를 사용한다.

### 2) 질소원

질소원(nitrogen source)은 에너지원으로 사용할 수 있으나 주로 아미노산이나 단백질로서 세포의 구성원이며, 효소나 비타민이나 대사물질의 구성원이기도 하다. 따라서 세포의 생리기능적인 면에서 매우 중요하다. 사용되는 배지로는 ammonium sulfate($(NH_4)_2SO_4$), urea, ammonium chloride($NH_4Cl$), ammonia 등이 있고, 천연배지로는 beef extract, trypticase soy protein, casein 등이 주로 사용된다.

### 3) 미네랄

미네랄(minerals)은 생리적 작용으로 효소의 activator 또는 inhibitor 역할을 하며, 염 형태로 삼투압 조절에 관여하고, 염 형태로서 원형질 내의 pH 변화에 대한 완충작용을 한다. 실제 미네랄의 종류 및 요구량은 미생물에 따라 다르며, 발효산업에 있어서 생산물 수율 증대를 위하여 조절해야 하는 중요한 인자이기도 하다. 종류로는 Na, Ca, Mn 및 Mg 염 등이 있다.

### 4) 생육인자

생육인자(growth factor)는 대사의 조절에 매우 중요하고, 발효인 경우는 생산물의 전구체(precursor)로서 필요하기도 하다. 균의 종류에 따라 특이적으로 요구되며, 예로서 coenzyme으로서 vitamin B group이나 활성인자인 cAMP 등이 있다.

## 4. 식품에서의 다른 미생물과의 상호관계

미생물은 단독으로 생존할 수 없으며 다른 균들과의 소통을 이루고, 이에 대한 생리적 대사가 일어난다. 현재 이에 대한 반응은 quorum sensing과 signal transduction의 두 가지 기작으로 이루어진다고 알려져 있다(Bourret and Silversmith, 2010; Yang et al., 2003).

Quorum sensing은 한 미생물에 의해 만들어진 signal 성분이 주변 환경에 확산되어 나가고 많은 균 수로 인하여 그 농도가 과잉일 때 이 성분은 다시 균체 내로 되돌아와 세포 내 대사반응을 나타내는 regulon의 전사에 영향을 주는 조절 단백질과 결합하여 물리생화학적 반응이 일어난다. 예로서 *Vibrio harveyi* 는 다른 *Vibrio* spp. 뿐만 아니라 *Salmonella, Campylobacter, Pseudomonas* spp. 등의 존재 하에 발광반응(luminescence response)을 일으키는 것으로 알려져 있다.

또 한 가지의 예로는 biofilm의 생성을 들 수 있다. Biofim은 그림 3-8에서 보는 바와 같이 여러 단계로 이루어지며, 먼저 고체 표면에 여러 균체가 흡착되면 quorum sensing 기작으로 고분자 물질이 생성되어 균체를 고정시킨다. Biofilm은 고분자 matrix로서 외부의 악조건에서 균체를 보호할 뿐만 아니라 여러 가지 영양분의 고정으로 미생물의 생육에 도움을 주며, biofilm 분자 내 채널을 통하여 균체들 사이의 소통이 이루어진다.

그림 3-8. Biofilm 형성 단계

(단계 1: 가역적 정착, 단계 2: 비가역적 정착, 단계 3: biofilm의 초기 형성, 단계 4: biofilm의 성숙, 단계 5: 최종 확산)

(출처: 육준모 외, 2019)

Biofilm의 형성은 식품의 위생학적인 측면에서 매우 중요하며, 실제로 산업체의 식품 제조 시설에서 병원균이나 다른 오염균이 시설 등에 장착하게 되면 균체 보호 효과로 세척이 어려울 뿐만 아니라 살균제 처리나 가열과 같은 물리적 처리에서도 균체가 내성을 갖게 된다. 따라서 biofilm의 형성을 저해하거나 분해를 촉진하는 연구가 과학자들에 의해 활발히 진행 중이다(Liu et al., 2023; Shi and Zhu, 2009).

Signal transduction에서는 signal 분자가 세포막에 존재하는 protein kinase를 활성화하고, 이 효소는 세포막에 존재하는 조절 단백질의 인산화로 활성화시킴으로써 유전적 발현이나 효소적 활성, 편모의 운동성 등을 조절하게 된다. 또한 식품의 발효와 부패는 단일한 미생물 균에 의하는 경우보다 주로 여러 가지 미생물이 혼재하는 경우가 많은데, 이는 상조 또는 경쟁적인 관계로서 나타난다. 그러나 독립적으로 생육하는 경우도 있지만 서로 공존하거나 다른 균을 억제하는 소위 길항 현상이 일어난다.

## 5. 미생물의 배양법

미생물의 배양은 균체의 성장과 동시에 물리적·영양적 환경에 따라 발효도 일어난다. 따라서 배양을 목적으로 하는 시설(tank)일 때 배양조라고 하나 발효를 주안점으로 할 경우에는 발효조(fermentor)라고도 한다. 배양은 회분식 배양(batch culture), 유가식 배양(fed-batch culture), 그리고 연속식 배양(continuous culture)이 있다. 각 방법에 따른 균체 증식 속도는 그림 3-9와 같다.

회분식 배양은 가장 기본적인 장치로 일정한 물리적 조건과 영양 조건에서 일회성으로 균체를 배양 또는 발효하는 것으로, 생육곡선으로 유도기에서 시작하여 사멸기까지 배양하는 경우이다. 실험실적으로 소량일 때 플라스크(flask) 상에서 배양하지만, 대량 생산일 때는 발효조를 사용하여 배양 또는 발효한다.

유가식 배양은 미생물의 성장 과정에서 영양분의 고갈로 인하여 생육이 정지하는 경우가 있는데, 정지기 초반에 영양분을 추가로 보충하여 성장을 지속시키는 방법이다. 그러나 고 농도의 한계에 이르면 균체의 성장이 멈추어진다.

연속식 배양은 그림 3-10과 같은 기본적 장치를 하고 있으며, 발효조에 영양공급 속도와 균체의 성장속도 또는 발효물의 생산속도를 일정하게 유지하도록 조절하여 연속적으로 진행하는 방법으로 효율적이라고 할 수 있으나 수율을 증진시키기 위한 공학적인 설계가 필요하다.

이때 균체의 성장 속도 및 영양분의 농도는 그림 3-11과 같이 희석율에 따라 다르게 나타난다. 즉, 균체의 생산을 위한 공정인 경우 영양분의 공급으로 발효조의 배양액은 희석될 것이고, 이때 희석율(dilution rate, D)는 일정 시간에 발효조를 통과하는 발효조의 부피 수를 뜻하며, 단위는 시간의 역수이다.

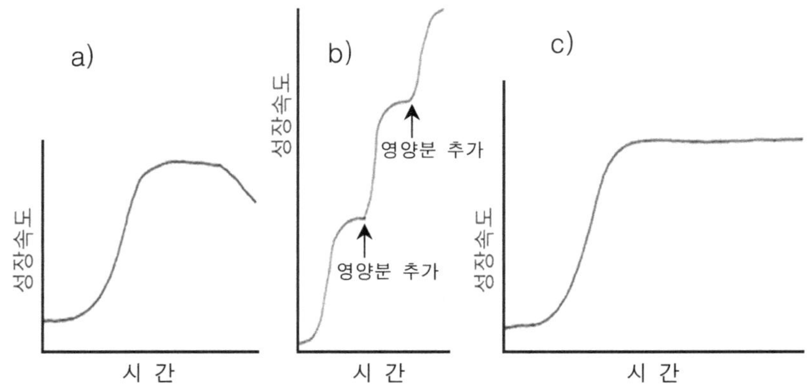


그림 3-9. 미생물 배양법

a) 회분식, b) 유가식, c) 연속식

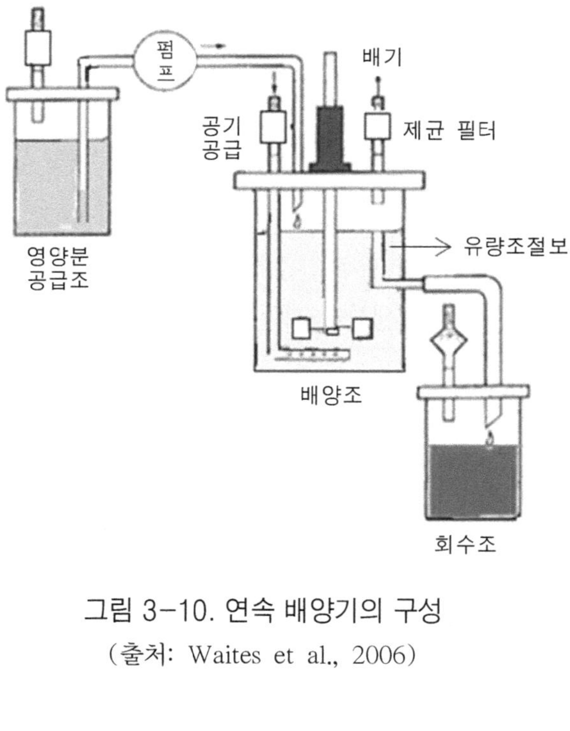


그림 3-10. 연속 배양기의 구성

(출처: Waites et al., 2006)

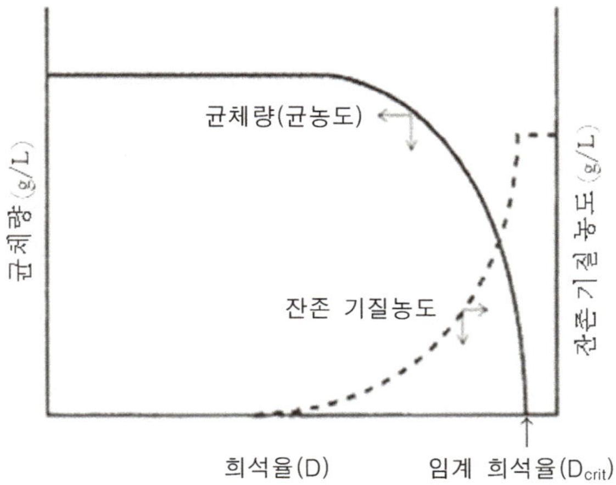


그림 3-11. 희석율에 따르는 균체와 기질의 농도
(출처: Waites et al., 2006)

즉, D = F/V
[D: dilution rate(/ h), F: 영양분의 유속(flow rate, L/h),
V: 발효조의 부피(L)]

만약 발효조의 부피가 10 L이고, 영양분의 유속이 20 L/h이면 D는 2/h이다. 정상상태(steady state)에서 연속식 발효조에서의 균형은 다음과 같이 표현한다.

dx/dt = 발효조에서의 균체의 성장속도 - 발효조로부터 균체의 유출속도
= $\mu x - Dx$
= 0
$\mu x = Dx \rightarrow \mu = D$ (x는 0이 될 수 없으므로)

따라서 미생물의 성장속도와 희석속도가 같을 때 가장 효율적이다.

## 6. 미생물의 배양장치

배양조(bioreactor) 또는 발효조는 균체의 생리적 특성이나 발효의 효율적 생산을 위하여 여러 가지 설계가 있으며, 기본적으로 원통형 탱크에 교반기(agitator), 방해판(baffle plate), 공기 분산기(sparger), 소포기(foam breaker), 냉각 및 가온장치를 위한 coil 형태의 관 등이 설치되어 있다(그림 3-

12). 이 외에 발효조 내부에는 제어장치(controller)와 연결된 온도계, pH 전극, 자동 소포 센서, 용존산소 측정 센서 등이 장착되었고, 이 외에도 pH 조절을 위한 산이나 알칼리, 소포제 등의 공급 장치들이 있다.

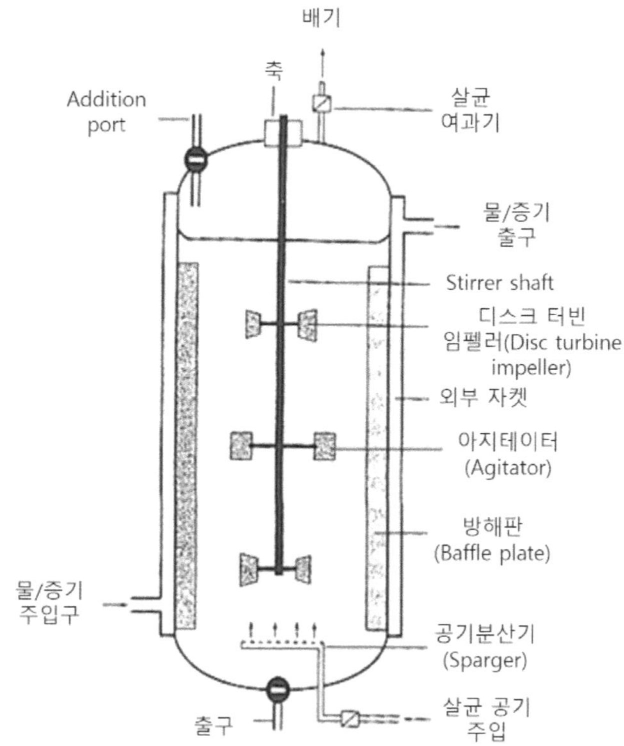


그림 3-12. 발효조의 기본 구조
(출처: Waites et al., 2006)

배양액의 배양온도 조절은 직접 가열을 하지 않으며, 경우에 따라 tank 외부에 stream jacket을 통하거나 내부 coil을 통해 온수로서 간접적으로 조절된다. 방해판은 배양조 tank 내부에 3～6개 정도 설치하며, 교반 시 배양액의 흐름에 와류가 생기게 하여 더욱 효율적으로 균일화 할 수 있다. 교반기는 배양액 전체의 혼합이 골고루 잘 되도록 하는 동시에 공급된 기포를 분산시켜 산소 공급의 효율을 높이는 기능을 한다. 따라서 혐기적인 균체 배양이나 발효에서는 교반기는 사용하지 않는다.

교반기의 종류는 그림 3-13과 같이 패들(paddle)형, 프로펠러(propeller)형, 터빈(turbine)형 등이 있다. 패들 임펠러는 주로 액을 교반기의 회전 원주 방향으로 흐르게 하고, 임펠러의 날개 길이가 비교적 커서 저항이 크고 회전속도가 느리다. 보통 Di(날개 길이)/Dt(tank 지름)는 약 0.7 정도이다. 프로펠러 임펠러는 주로 교반 축 방향의 흐름(axial flow)을 일으키고, 날개가 작아 저항이 적어 고속 회전시켜 혼합 효율을 높일 수 있다.

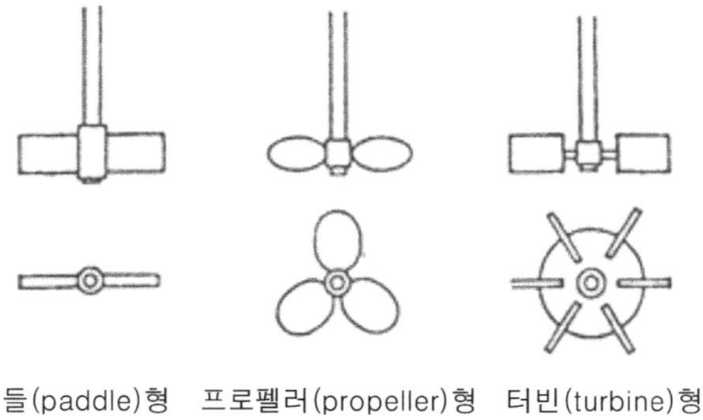


그림 3-13. 교반기의 종류
(출처: 유주현 외, 2008)

터빈 임팰러는 일반적으로 Di/Dt는 0.3~0.4로 한다. 터빈 임펠러는 주로 회전반경 방향으로의 흐름(radial flow)을 일으켜 패들과 프로펠러 임펠러의 장점을 겸하고 있다. 전체 날개의 길이는 프로펠러와 같이 Di/Dt가 0.3~0.4가 되도록 한다. 유속에 저항이 적어 고속 회전시킬 수 있으며, 통기 효율이 가장 높으므로 일반적으로 가장 많이 사용된다.

공기 분산기(air sparger)는 공기를 내부에 공급함으로써 통기와 동시에 액체 내에 균체 및 물질 성분을 분산시킨다. 공기 분산기에는 다공질 물질로 이어진 튜브형(porous style), 많은 작은 구멍이 있는 링형(orifice style), 분사하는 방사형(nozzle style) 등이 있고, 이 중 링형이 가장 많이 사용된다. 냉각 장치에는 재킷형 코일형, 다관식형 등이 있으며, 냉각수 또는 냉매를 통하여 발효열을 냉각 조절한다.

# 제 4 장

# 미생물의 대사 및 조절

## 1. 일반적인 미생물의 대사

미생물은 생육과 번식을 위하여 주변의 영양물질을 얻어 여러 가지 화학반응, 즉 대사(metabolism)가 일어나며, 이 중 영양물질을 분해하면서 에너지를 생산하는 이화작용(catabolism)과 에너지를 소비하여 새로운 물질로 합성하는 동화작용(anabolism)이 있다. 또한 호기적 또는 혐기적 환경 조건에 따라 일부 대사가 우월적으로 일어나기도 한다. 특히 호기적인 경우 호흡(respiration)이 일어나며, 이는 산소를 최종 전자수용체로 이용하여 탄수화물, 지방, 아미노산 등의 유기 영양물질을 완전히 산화시켜 이산화탄소, 물 및 ATP(686 kcal)를 최종적으로 생산하는 산화반응이다.

반면에 혐기적인 조건에서는 발효(fermentation)가 일어나며, 이는 산소 대신 유기 영양물질을 최종 전자수용체로 작용시켜 에탄올, 젖산 등의 불완전 산화 유기물과 다소 많지 않은 에너지를 생산하는 산화, 환원반응이다.

미생물에서 중요한 대사과정은 다음과 같다.

### 1.1 해당작용

당은 주로 에너지원으로 사용되며 미생물의 종류에 따라 이용할 수 있는 당의 종류도 다양하다. 세포 내에서 당이 에너지원으로서 대사되는 경로는 해당작용, TCA cycle 및 전자전달계로 나누어진다(그림 4-1).

해당과정(glycolysis)은 호기성 미생물과 혐기성 미생물에 있어 당이 pyruvic acid 또는 다른 대사 중간산물로 분해되는 일련의 대사과정에 따라 EMP 경로(Embden-Meyerhof-Parnas pathway), pentose phosphate pathway[또는 hexose-monophosphate pentose(HMP) pathway라고도 함] 등이 있다.

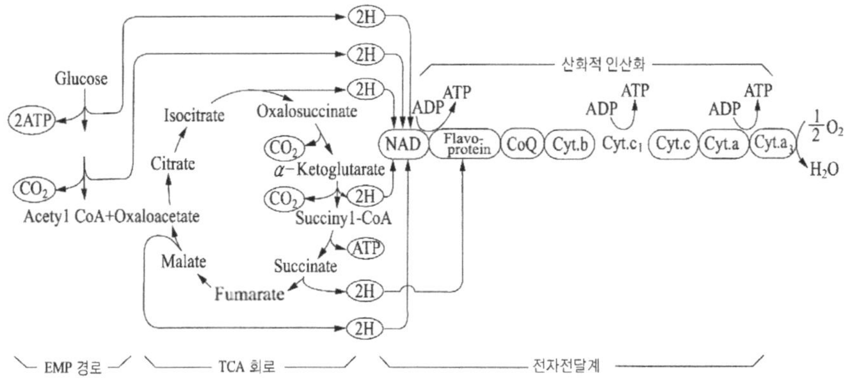


그림 4-1. 탄수화물 대사와 에너지 생산 (출처: 김창한 외, 2004)

EMP 경로는 혐기적으로 포도당이 분해되어 pyruvic acid를 생성하는 과정(그림 4-2)이며, 균종에 따라 더 나아가 발효가 일어나기도 한다. 즉 효모에서는 알코올, 유산균이나 근육에서는 젖산이 만들어진다. EMP 경로를 통하여 포도당 1분자가 산화되어 2분자의 ATP를 소비하고, 최종적으로 2분자의 pyruvic acid, 2몰의 NADH, 및 4몰의 ATP가 생성된다.

Pentose phosphate pathway는 인산화 6탄당이 인산화 5탄당으로 전환되는 경로이다. 일반적으로 미생물은 EMP 경로와 HMP 경로에 필요한 효소계를 모두 가지고 있으나 그 비율은 미생물의 종류나 환경 조건 등에 따라 다르며, 효모와 대장균은 EMP가 우세하다. *Bacillus subtilis*는 거의 동일하고, *Leuconostoc mensenteroides*나 *Acetobacter suboxydans* 등은 HMP가 우세하다.

### 1.2 TCA cycle

Tricarboxylic acid(TCA) cycle(또는 Krebs cycle)은 해당작용에서 만들어진 pyruvic acid는 acetyl CoA를 거쳐 산화시켜 에너지를 얻는 중요한 대사로서 그 경로는 그림 4-3과 같다. 이 반응은 호기적 조건에서 일어나며, 38개의 ATP가 만들어진다. 이 ATP는 지방산 합성이나 포도당 합성 등 다른 대상의 에너지로 사용된다.

### 1.3 아미노산 합성

콩과식물의 뿌리에서 공생하고 있는 *Rhizobium* bacteria가 공기 중의 질소를 고정하는 것으로 시작된다. 혐기적인 조건에서 균체에 존재하는 reduc-

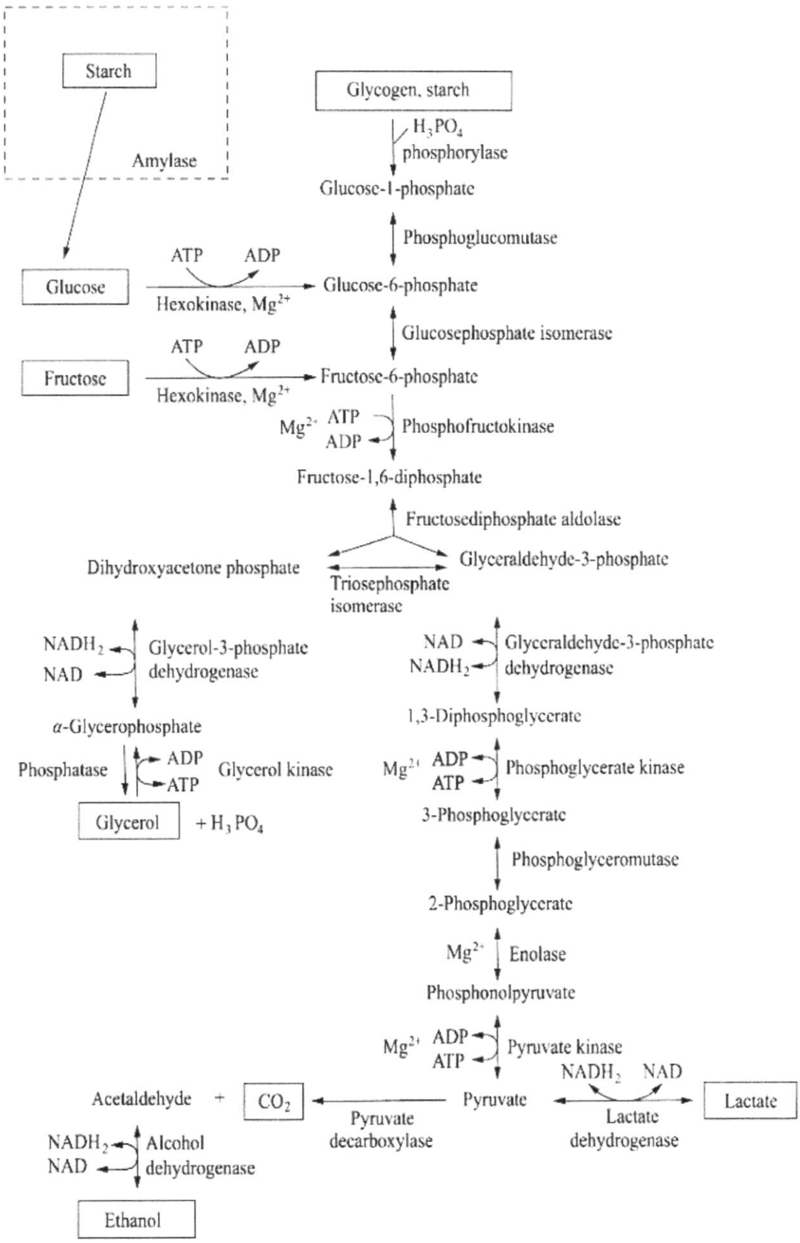


그림 4-2. EMP 대사경로 (출처: 김창한 외, 2004)

tase와 nitrogenase로 이루어진 nitrogenase complex에서 공기 중의 질소($N_2$)를 고정화하여 그림 4-4와 같이 $NH_4^+$(ammonia)를 만든다. 즉, reductase는 ATP가 소모되면서 ferredoxin에 있는 철(Fe)이 산화로 인해 전자를 얻고, 이 전자는 nitrogenase에 의해 $N_2$가 $NH_4^+$로 되면서 사용되어진다.

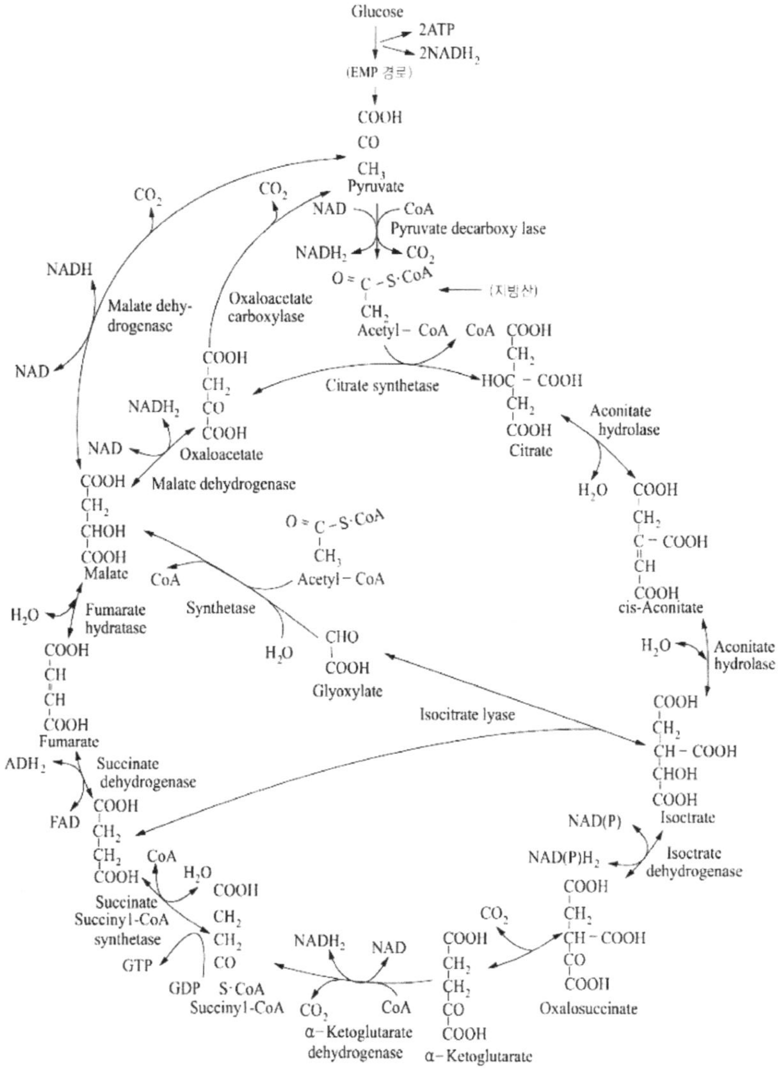


그림 4-3. TCA cycle (출처: 김창한 외, 2004)

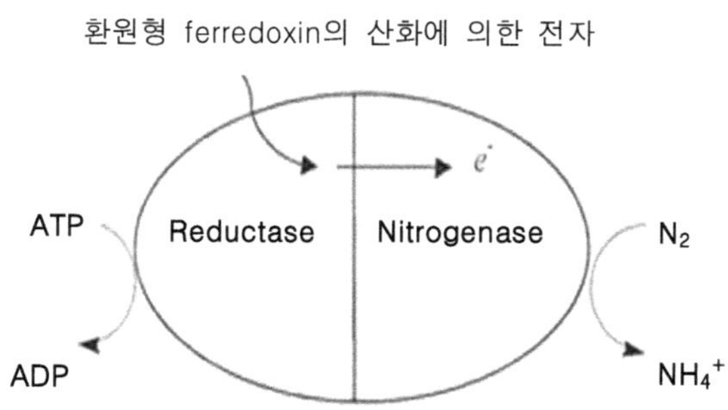


그림 4-4. 질소의 고정화

$$N_2 + 6\,e^- + 12\,ATP + 12\,H_2O \rightarrow 2\,NH_4^+ + 12\,ADP + 12\,P\mathit{i} + 4\,H^+$$

이 ammonia는 대사경로에 나오는 pyruvate, $\alpha$-ketoglutarate, phospho-enolpyruvate, 3-phosphoric acid, oxaloacetic acid 등과 결합하여 여러 가지 아미노산이 만들어진다(그림 4-5).

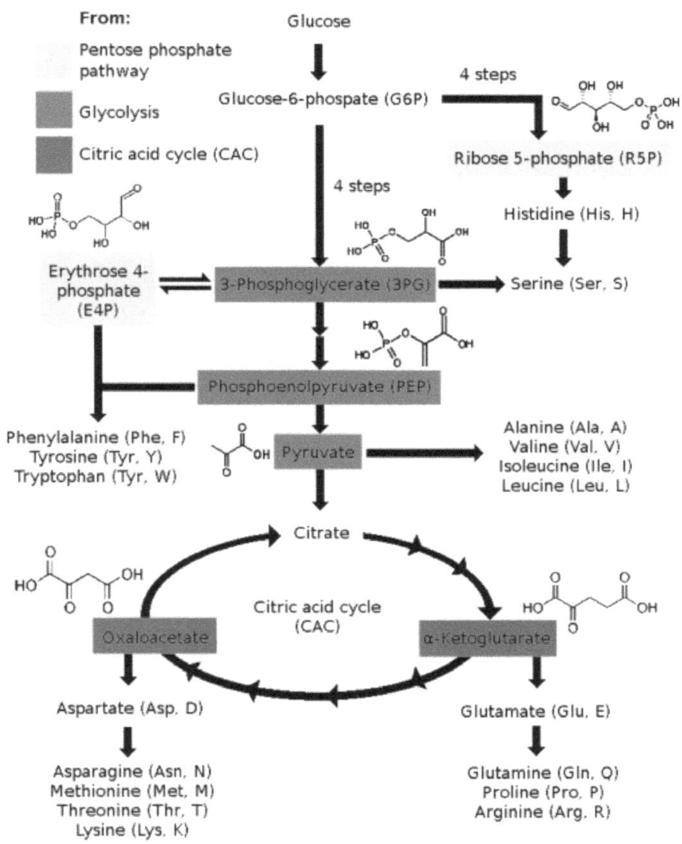


그림 4-5. 아미노산의 합성 경로

(출처: https://en.wikipedia.org/wiki/Amino_acid_synthesis#/media/File:Amino_acid_biosynthesis_overview.png)

## 1.4 단백질 합성

단백질은 아미노산으로 이루어진 중합체이며, 아미노산의 서열은 DNA 내의 염기 서열에 의해 결정된다. RNA polymerase는 두 가닥의 DNA 중 한 가닥을 선택하여 DNA의 유전정보를 mRNA로 전사한다. 전사된 mRNA의 유전정보를 리보좀에 의하여 번역하여 단백질을 합성한다. 이와 같이 아미노산의 서열은 DNA의 유전정보로부터 mRNA, mRNA로부터 단백질의 유전정보의 흐름을 가지며, 이를 central dogma라고 한다. 단백질 합성은 다음과 같은 순서로 이루어진다.

### 1) 아미노산의 활성화

Transfer RNA(tRNA)에 아미노산이 부착되는 것을 지칭하며 이때 tRNA의 anticodon에 따라 아미노산의 종류가 다르다. tRNA는 73～93 bases로 이루어지고, 분자량이 25 kDa이다. 5′ 말단은 pG이고, 3′ 말단은 아미노산이 결합되는 부위로서 CCA-OH로 되어 있다. 아미노산의 결합 과정은 aminoacyl-tRNA synthetase에 의하여 일어나며 그림 4-6과 같다.

$$\text{Amino acid} + \text{ATP} \rightleftharpoons \text{Aminoacyl-AMP} + \text{PPi}$$

$$\text{Aminoacyl-AMP} + \text{tRNA} \rightleftharpoons \text{Aminoacyl-tRNA} + \text{AMP}$$

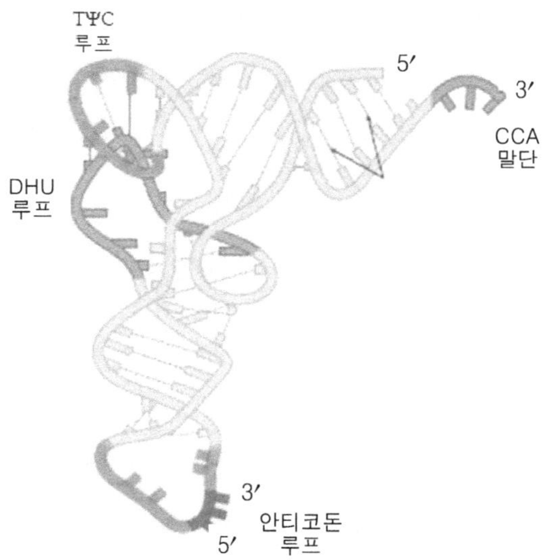


그림 4-6. tRNA의 구조
(출처: https://100.daum.net/multimedia/24_219_80882_104307.JPG)

### 2) Translation

세포 내 단백질 합성은 원시핵세포인 경우 원형질 내에서 이루어지나, 진핵세포에서는 소포체(endoplasmic reticulum)에서 일어난다. 단백질 합성은 DNA에서 전사된 mRNA의 염기 서열에 따라 ribosome이 필요하다. Ribosome은 세포 중량의 약 1/4를 차지하며 cell 당 약 20,000개 정도 있다.

분자량은 2,700 kDa으로 침강계수가 70S로 50S 및 30S의 subunit로 되어 있고, 50S는 34개의 단백질과 23S 및 5S RNA로 이루어져 있으며, 30S는 21개의 단백질과 16S RNA로 이루어져 있다. 진핵세포인 경우 ribosome은 다소 크며 분자량 4,200 kDa이고, 침강계수가 80S(5S+28S+5.8S RNA 함유) subunit와 40S(18S RNA 함유) subunit로 이루어져 있다.

단백질의 합성은 그림 4-7과 같이 이루어진다. 단백질의 합성은 N 말단에서 C 말단 방향으로 이루어지며, mRNA에서는 5′ → 3′ 방향으로 이루어진다. 시작 염기는 AUG로서 아미노산은 원시핵세포인 경우 fMet, 진핵세포는 Met이다. 항생제인 streptomycin은 mRNA에서 fMet의 결합에 오류를 일으켜 원시핵세포에만 단백질 생합성을 저해한다.

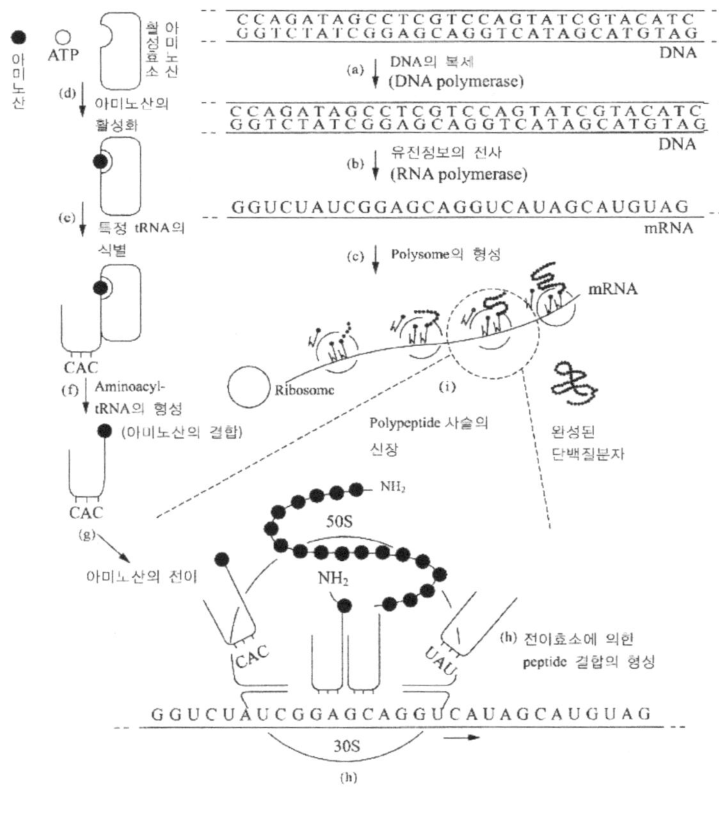


그림 4-7. 단백질의 합성 (출처: 김창한 외, 2004)

### 3) Termination

단백질 합성의 종료는 mRNA 상의 UAA, UGA, UAG code에서 일어나며, 이때 releasing factor(RF)가 요구된다.

## 2. 미생물 대사 조절

미생물의 대사 활성은 여러 가지 환경적 요인에 의하여 조절되어지며, 발효산업에서 생산성 증대와 효율적인 발효공법을 위하여 연구되어지고 있다. 대사의 조절은 유전자적인 측면에서와 최종 생산물로부터 조절되며, 다음과 같은 방법이 있다.

### 2.1 효소 합성의 조절

미생물은 주변 환경에 따라 적응하기 위하여 효소의 합성이 조절된다. 그 대표적인 예로서 *E. coli*에서의 lac operon theory를 들 수 있다(그림 4-8).

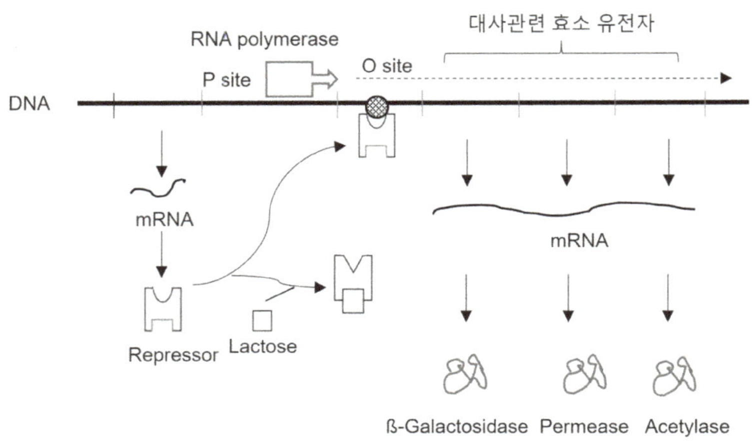


그림 4-8. Lac operon theory

즉, 대장균의 유전자에 lactose 대사에 관련된 효소, 즉 lactose를 세포 내로 투과시키는 galactose permease, lactose를 가수분해하는 $\beta$-galactosidase 등의 gene이 있고, lactose 결핍 시에는 repressor protein이 operator(O)에 결합함으로써 억제되어 있다. Repressor protein은 lactose와 결합하게 되면 불활성화 되어 결합하지 않음으로 효소 합성이 활성화 된다.

한편, promoter(P)는 RNA polymerase가 결합하여 효소 합성이 시작되는 곳과 catabolite activator protein(CAP)와 cAMP가 결합하는 곳 2개의 결합부위가 있다. Lactose 대사 관련 효소들을 위한 RNA polymerase는 P 부위에 CAP와 cAMP가 결합되어야 결합 mRNA가 합성되어지기 시작한다. 만약 lactose와 포도당이 혼재할 때 포도당은 AMP cyclase의 활성을 저해하며, 이때 cAMP의 결핍으로 불활성화가 일어난다. 포도당이 고갈되면 P 부위에

RNA polymerase가 결합하여 효소 합성이 시작된다.

## 2.2 생산물에 의한 저해

효소는 대사 중 최종 산물에 의해 저해를 받는 경우가 있다. 이를 feed-back inhibition이라고 하며, 대사 효소의 특성에 따라 다음과 같은 유형이 있다.

### 1) Cumulative feedback inhibition

한 효소로서 두 가지 이상의 최종 산물이 만들어질 때 최종 생산물 단독으로서는 저해나 제어 정도가 적으나, 이들이 합쳐지면 제어 정도가 합한 만큼 커지는 경우이다. 이는 저해 효과가 누적되는 것(cumulative effect)으로, 예를 들면 glutamine synthetase의 경우 8가지 최종 물질들이 생산되고, 각각의 생산물질은 독립적으로 작용하지만 함께 작용하였을 때의 효과는 누적되어 크게 나타난다(그림 4-9).

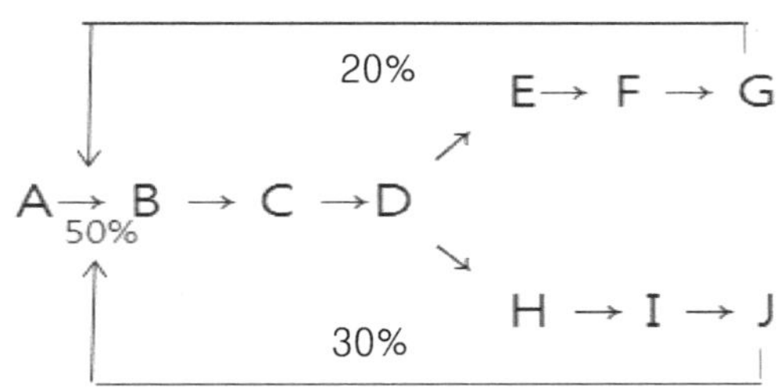


그림 4-9. Cumulative feedback inhibition

### 2) Concerted feedback inhibition(multivalent inhibition)

한 가지 효소에 의해 몇 단계의 대사 경로를 통해 한 가지 이상의 최종 생산물을 생산할 때 각각으로는 저해 효과가 거의 없거나 매우 적고 모든 최종 산물의 농도가 높을 때 효소가 저해를 받는 경우이다(그림 4-10).

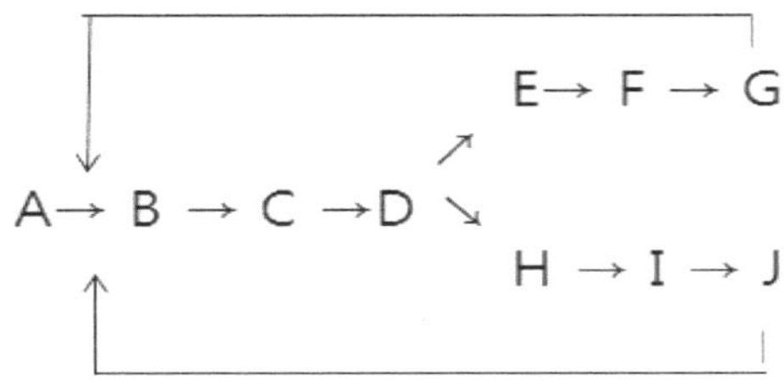


G, J 모두 과잉으로 존재

그림 4-10. Concerted feedback inhibition

이러한 조절의 형태는 multivalent 또는 cooperative feedback regulation으로도 알려져 있다. 대표적인 예로서 lysine 생산 경로에서 찾아볼 수 있다. 즉 aspartokinase는 두 최종 산물인 lysine과 threonine이 하나 만이 과잉인 경우는 영향을 받지 않으나 동시에 과잉인 경우에만 저해를 받는다.

### 3) Additive feedback inhibition

같은 반응을 촉매하는 2가지 이상의 isozyme 효소가 관여하여 2가지 이상의 최종 산물이 있는 경우 각각은 특정 isozyme을 저해하는 경우이다. 예로서는 *E. coli*에서 aspartic acid 계열의 아미노산 합성 경로에서 3가지의 aspartokinase isozyme이 초기에 작용하며, 이들은 각각 최종 산물인 lysine, threonine, methionine에 의해 조절된다(그림 4-11).

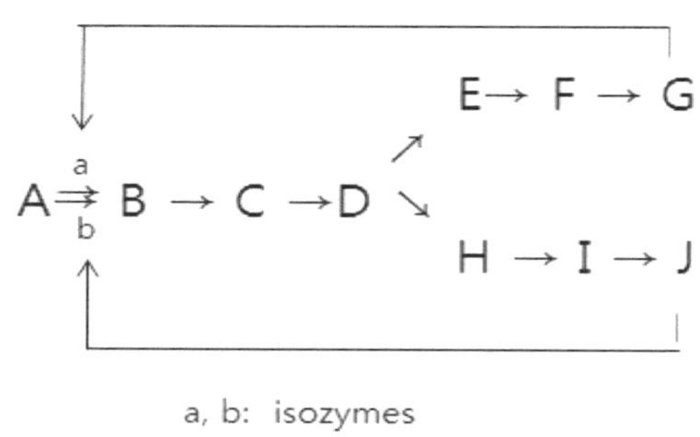


그림 4-11. Additive feedback inhibition

### 4) Cooperative feedback inhibition(synergistic inhibition)

한 효소로서 두 가지 이상의 최종 산물이 만들어질 때 최종 생산물 단독으로서는 저해나 제어 정도가 적으나, 이들이 합쳐지면 제어 정도가 더한 효과보다 훨씬 크게 나타내는 경우이다(그림 4-12).

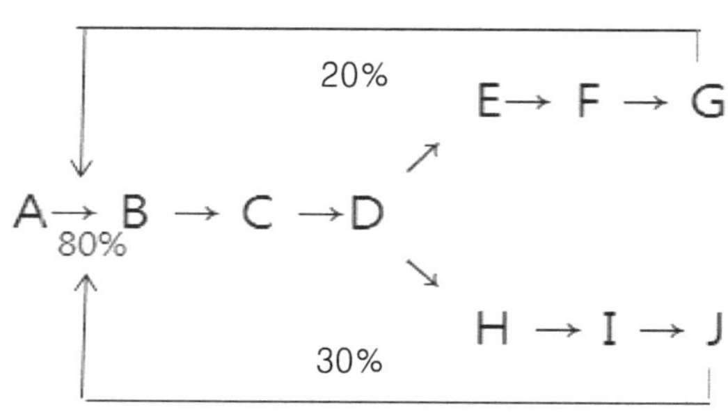


그림 4-12. Cooperative feedback inhibition

### 5) Sequential feedback inhibition

그림 4-13에서 보는 바와 같이 G는 E의 생산을, J는 H의 생산을 저해하면 결과적으로 D가 축적이 된다. 이때 축적된 D에 의하여 A의 대사가 억제되는 경우를 말한다(그림 4-13).

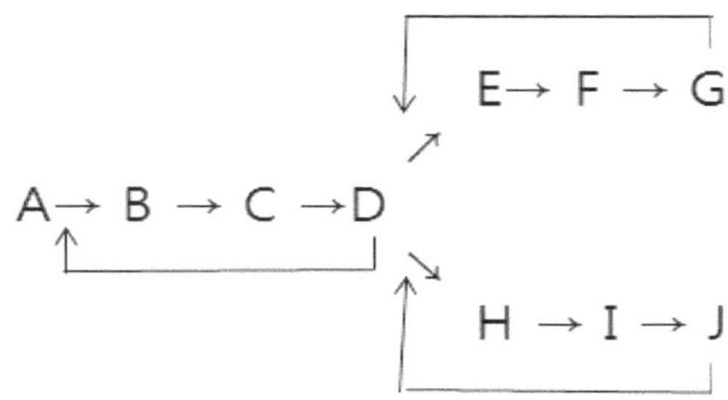


그림 4-13. Sequential feedback inhibition

# 제 5 장

# 미생물의 동정 및 보존

## 1. 시료의 채취 및 동정

### 1.1 채취 방법

자연에서 미생물을 채취하기 위한 방법은 동물, 식물 및 자연 환경(토양, 강, 바다 등)에서 무작위적으로 채취하여 원하는 균주를 선별 수집하는 shot gun 방법과 원하는 특성의 균주는 존재할 수 있는 특성 환경에서 균주를 채취하는 목표 지향적 방법이 있다.

### 1.2 균주의 선별

강물, 바닷물과 같이 액체인 경우 균체 수는 보통 적은 편이며, 막 여과를 하여 균체를 회수하여 농축한다. 시료는 액상 배지에서 균체를 활성화시키며, 이때 먼저 증진배양을 실시하여 균체 수를 증가시킨다. 증진배양은 온화한 방법으로 전체적인 균체 증가를 하는 비선택성 배양과 목표로 하는 특정 미생물만을 우세하게 자라게 할 수 있는 선택배지를 사용하며, 주로 선택성 물질로는 특정 균주만이 내성이 있는 항생물질을 사용한다.

균체 수가 많을 경우는 1～2%의 agar를 사용한 고체배지로 streaking하여 배양 후 분리한다. 균체 수가 적은 경우 직접 일정 시료를 plate에 도말하여 콜로니의 형태를 관찰하기도 한다. 균체의 배양은 일반적으로 incubator에서 배양하나, 특히 호기적인 경우는 액체배양으로 150～300 rpm 속도로 진탕배양하면서 공기의 공급을 충분히 하여야 하며, 혐기적인 조건으로 고체 배양하고자 하는 경우는 $CO_2$ incubator를 사용하여 배양한다.

### 1.3 균주의 동정

균주의 동정법은 형태나 그람염색법으로 하고, Bergey's Manual of Systematic Bacteriology에 의하여 생리화학적인 방법으로 분류하여 왔으나 시간이 많이 소비되는 단점이 있다. 이 외에도 oligonucleotide cataloging, 세포벽 분석, 혈청학적 방법, 세포막의 지방산 조성 등 다양하게 연구되었으나 최근에는 다음과 같은 방법이 있다.

#### 1) DNA homology와 DNA의 mol% G+C 함량 분석

과거에 사용되던 방법으로, 세균의 DNA를 구성하는 염기 중 G+C 함량을 통하여 균주의 특성을 확인하는 것이다. 예를 들면 *Micrococcus, Streptomyces, Propionibacterium*은 55% 이상이고 *Clostridium, Bacillus, Staphylococcus, Lactobacillus, Bifidobacterium* 속은 50% 미만으로 알려져 있다. 이 방법은 개략적인 것으로 16S rRNA 분석방법과 함께 실시되고 있다.

#### 2) 23S, 16S와 5S rRNA의 sequence

세균의 리보솜에 존재하는 rRNA의 sequence는 균주마다 특이성이 있으며, 이를 reverse transcriptase(RT)를 이용한 RT-PCR를 사용하여 대량 회수한 후 염기서열을 분석함으로써 균주를 동정하는 방법으로 균주의 서열 유사성을 비교하여 타 균 속과의 관계를 나타내는 phylogenetic tree로 표시할 수 있다.

이 방법은 비교적 정확하고 균 속과의 관계를 알 수 있고, 동정이 신속하여 널리 사용하고 있으며 데이터베이스로 비교한다.

## 2. 미생물의 보존

미생물은 물리적 환경이나 화학적 성분의 존재로 형태 및 생리적 특성이 변하거나 사멸될 수 있다. 따라서 산업적 또는 연구의 목적으로 보존하려면 몇 가지 주의사항이 있다. 즉, 보존 중에 돌연변이가 없어야 하며, 생존율이 높고 보존기간이 길어야 한다는 것이다. 또한 보존을 위한 작업 과정이 가급적 간단하여야 하며, 오염이 일어나지 말아야 한다.

현재 보존하는 방법은 다음과 같은 것이 있다.

## 2.1 계대배양

가장 편리한 방법으로 액체배지 배양은 취급이 불편하고, 고체배양 보다 균의 수명이 짧기에 보존의 목적으로 사용하지 않는다. 고체배지를 사용하며, 그림 5-1과 같이 일반적으로 test tube 내 멸균된 고체배지를 사면으로 굳힌 사면배양(slant culture)을 사용하거나 혐기성인 경우 천자배양(stab culture)을 하기도 한다.

보존은 냉장 온도(4℃)에서 하며, 오래 되면 배지의 건조가 일어나고 보존 기간이 짧으나 유동성 파라핀을 윗부분에 중층하여 배지의 건조 및 산소의 공급을 제한함으로써 대사가 지연되어 보존기간을 더 연장시킬 수 있다.

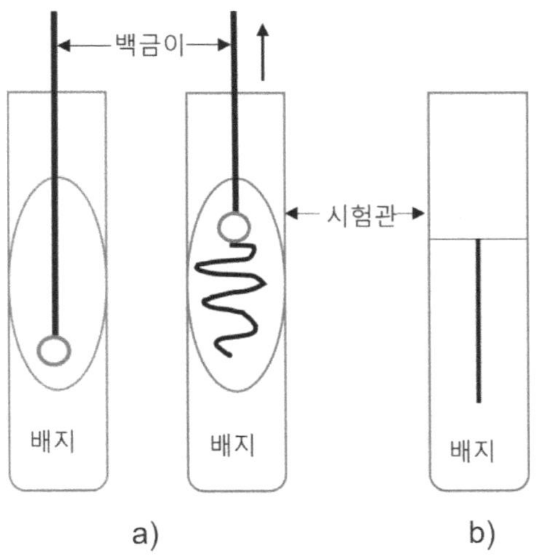


그림 5-1. 고체배지를 이용한 계대배양

a) 사면배양, b) 천자배양

## 2.2 담체보존법

주로 건조에 강한 곰팡이나 일부 세균 보존에 사용하며, 포자를 토양, 모래 등과 혼합하여 건조시키는 방법이다.

## 2.3 동결보존법

동결 중 균체 손상을 방지하기 위하여 동결보존제인 15% 농도의 글리세롤을 첨가한다. 글리세롤은 세포막을 쉽게 통과하고 동결 시 미생물의 변이를 방지한다. 보존 온도는 -70～-80℃이나 -196℃의 액체 질소에 담가두기도 한다. 동결은 급속히 하여 얼음 결정체에 의한 균체 파괴를 방지해야 한다.

### 2.4 동결건조법

동결건조법(lyophilization)은 미생물 장기 보존에 가장 일반적이며, 좋은 방법으로 고압 진공건조에 의하여 포자나 균체의 수분 함량을 약 2～3%로 감소시키고, 산소와 습기가 없이 보존하는 방법이다. 앰플에 균체와 보존제인 10～20% 정도의 살균된 탈지유 등을 혼합하여 동결시키고, 이를 감압하에 건조하고 봉합하는 방법이다. 균체의 물리적 구조 및 생리적 특성을 잘 유지하여 가장 광범위하게 사용하고 있다. 균체는 15년 이상 보존할 수 있고, 취급이 수월하다.

## 3. 균주의 보존 기관

균주는 국제연맹인 WFCC(World Federation of Culture Collection)에 등록된 것으로 여러 보존기관이 있다. 대표적인 기관으로는 미국의 American Type Culture Collection(ATCC)이 있으며, 국내에는 한국 미생물 보존센터(Korea Culture Center of Microorganisms, KCCM) 및 한국생명공학연구원 생물자원센터(Korean Collection for Type Culture, KCTC)가 있다.

# 제 6 장

# 균주의 유전적 개발

## 1. 돌연변이

돌연변이는 유전학적으로 유전자의 변형을 초래하는 것으로 그림 6-1과 같은 DNA의 서열을 변화시킴으로써 변이가 일어난다. 따라서 균체 내 대사에 관여하는 특정 효소의 생산을 중단하거나 증가시킴으로써 발효에 적절한 대사 조절을 하는 방법으로 산업적 균주 개발에 널리 사용하여 왔다. 돌연변이의 정도는 일부 염기의 단순한 치환인 경우 변이 정도는 약하며, addition 이나 deletion 등 base의 서열이 전체적으로 shift가 일어나면 변이의 정도가 커지게 된다(그림 6-1).

돌연변이를 일으키는 방법은 물리적인 방법과 화학물질를 처리하여 얻는 방법이 있다. 물리적인 방법은 자외선을 사용하는 방법으로 260 nm UV를 10～70 cm 정도 거리에서 조사하여 변이주를 얻는 방법으로 생존율은 0.1～1.0% 정도이다. 확률적인 방법으로서 오래 전에 널리 사용됐으나 확률(성공률)이 매우 낮고 몇 번의 계대배양으로 특성이 소실될 수 있는 단점이 있다.

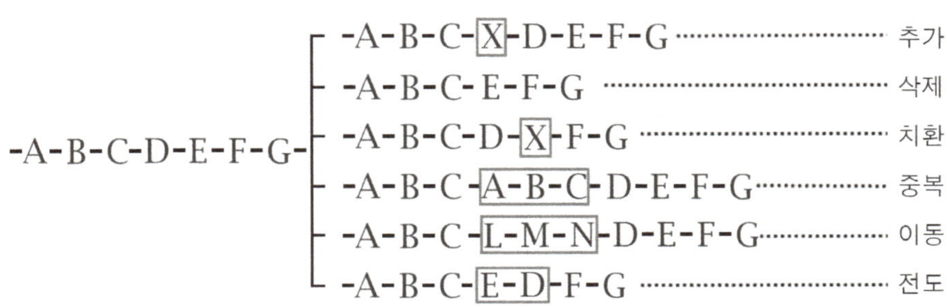


그림 6-1. DNA의 돌연변이 형태

화학적인 방법으로는 thymine의 생합성을 저해하여 DNA 합성을 저해하는 8-aminouracyl, pyrimidine 염기의 치환(substitution)을 유도하는 5-bromouracil, 5-chlorouracil, DNA의 strand 사이에 삽입되어 mRNA의 합성을 저해하는 acridine orange, proflavine이 있다. 또한 nirite에 의한 deamination으로, adenine은 hypoxanthine으로, cytosine은 uracil로 바뀌거나 dimethylsulfonate(DMS), ethylmethane sulfonate(EMS)에 의하여 guanine이 alkylation이 일어나 DNA의 구조가 바뀌는 경우가 있다.

## 2. 자연적인 유전자 재조합

자연적인 유전자를 재조합하는 방법은 세포 내에 존재하는 특정 유전자를 다른 세포에게 이동시켜 조합을 이루게 하는 것으로 다음과 같은 방법이 있다.

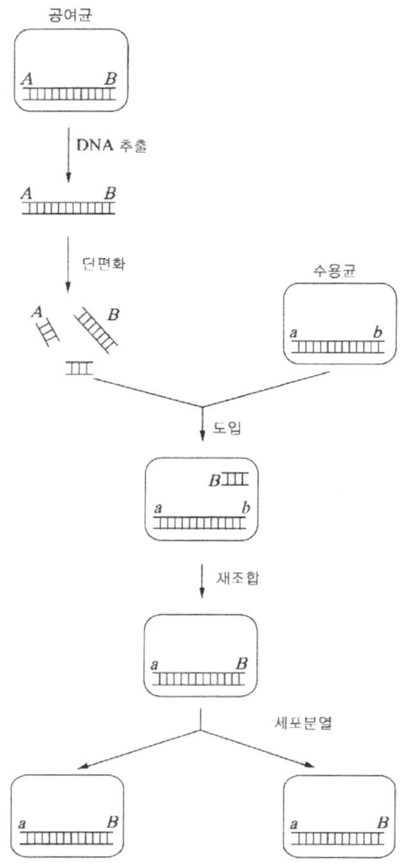


그림 6-2. 형질전환 (출처: 김창한 외, 2004)

형질전환(transformation): 외부의 공여균(donor cells)의 유전자 일부를 수용균(recipient cells) 내부로 들여보내어 세포 내에서 재조합시키는 방법으로, 이때 10~100 mM의 $CaCl_2$를 competent로 사용하며, 고 효율로 변이주를 얻을 수 있다(그림 6-2).

형질도입(transduction): 공여균에서의 필요 유전자를 플라스미드(plasmid)나 파지를 통하여 다른 균(수용균)에게 옮겨서 유전자의 재조합을 일으키는 방법이다(그림 6-3).

접합(conjugation): 주로 *E. coli*에서 사용되며, 접합에 의하여 수컷($F^+$)의 일부 유전자가 암컷($F^-$)에 이동하여 재조합을 일으키는 방법이다(그림 6-4).

세포융합(cell fusion): 두 가지의 균주를 융합하여 서로의 장점을 이용하는 방법으로, 각각을 세포벽 분해효소인 lysozyme을 이용하여 protoplast를 만들고, polyethylene glycol 용액에서 서로 접합하여 융합체(fusant)를 만든다(그림 6-5).

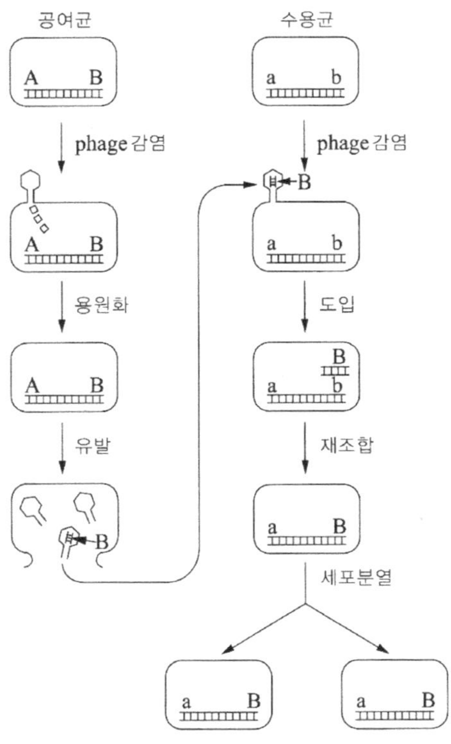


그림 6-3. 형질도입 (출처: 김창한 외, 2004)

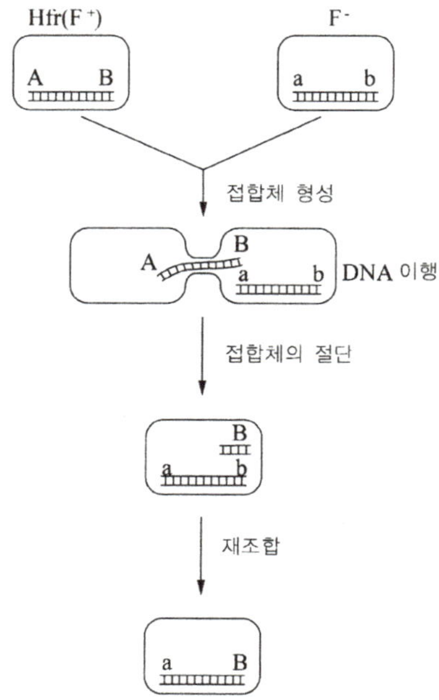


그림 6-4. 접합 (출처: 김창한 외, 2004)

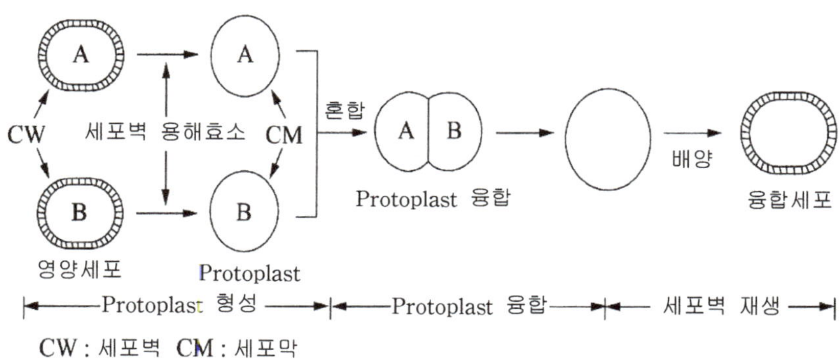


그림 6-5. 세포 융합 (출처: 김창한 외, 2004)

## 3. DNA 재조합

### 3.1 제한효소

세균 내에서의 파지(phage)의 증식이 제한되는 것이 종종 관찰되어 왔다. 이에 대한 원인으로 세균 내에 파지의 DNA를 가수분해시키는 exonuclease의 존재를 알게 되었으며, 자기 균체의 DNA에는 영향을 주지 않으면서 다른 종의 DNA에 작용하고 DNA 상에서 분해되는 위치가 생산 균주마다 특이성이 있어 제한적이다. 이를 제한효소(restriction enzyme)라고 하며, 오늘날 약 50종 이상의 제한효소가 개발되어 유전자 재조합에 사용하고 있다. 표 6-1은 제한효소와 각각의 출처 및 분해되는 특이적 염기서열을 나타내었다.

이때 명명법은 효소 출처 균의 속(genus)명 앞 글자 대문자로 하나 종(species)명 소문자로 두 글자로 표시하며, 같은 종으로부터 다른 제한효소가 있을 경우 로마자(I, II,… 등)로 표시한다.

표 6-1. 제한효소의 예 및 그 작용

| 제한효소 | 제한효소의 출처 | 작용 부위 |
|---|---|---|
| *Eco*RI | *Escherichia coli* RY13 | ↓<br>5'–GAATTC–3'<br>3'–CTTAAG–5'<br>↑ |
| *Bam*HI | *Bacillus amyloliquefaciens* H | ↓<br>5'–GGATCC–3'<br>3'–CCTAGG–5'<br>↑ |
| *Pst*I | *Providencia stuartii* 164 | ↓<br>5'–CTGCTAG–3'<br>3'–GACGATC–5'<br>↑ |

## 3.2 유전자 재조합

유전자 재조합이란 다른 유전자에 원하는 지놈이 혼재되도록 클로닝 하는 것으로, 그 과정의 한 예를 대장균을 이용한 방법으로 그림 6-6에 나타내었다. 재조합에 사용하는 DNA fragment는 특정 제한효소를 이용하여 단편으로 가수분해하는 방법과 원하는 mRNA를 통하여 역전사를 통해 double strand를 만들고 특정 제한효소에 맞는 linker(tail)를 추가하여 cDNA를 제조하는 방법, 그리고 소규모 분자일 경우 인위적으로 DNA를 합성하는 방법 등이 있다.

한편, 원하는 gene과 표적유전자(예: $Amp^r$ 및 $Tet^r$)가 있는 plasmid vector를 DNA fragment에 사용한 동일한 제한효소를 사용하여 표적유전자 내의 한 곳(여기서는 $Tet^r$)을 가수분해 하여 그 특성을 잃게 한다. 이를 위의 DNA를 결합시키고 이를 대장균 내에 도입시킨다, 즉 이 균은 ampicillin에는 내성이 있고, tetracycline에 대한 내성이 없으므로 항생제가 존재하는 배지에서 쉽게 선별할 수 있다.

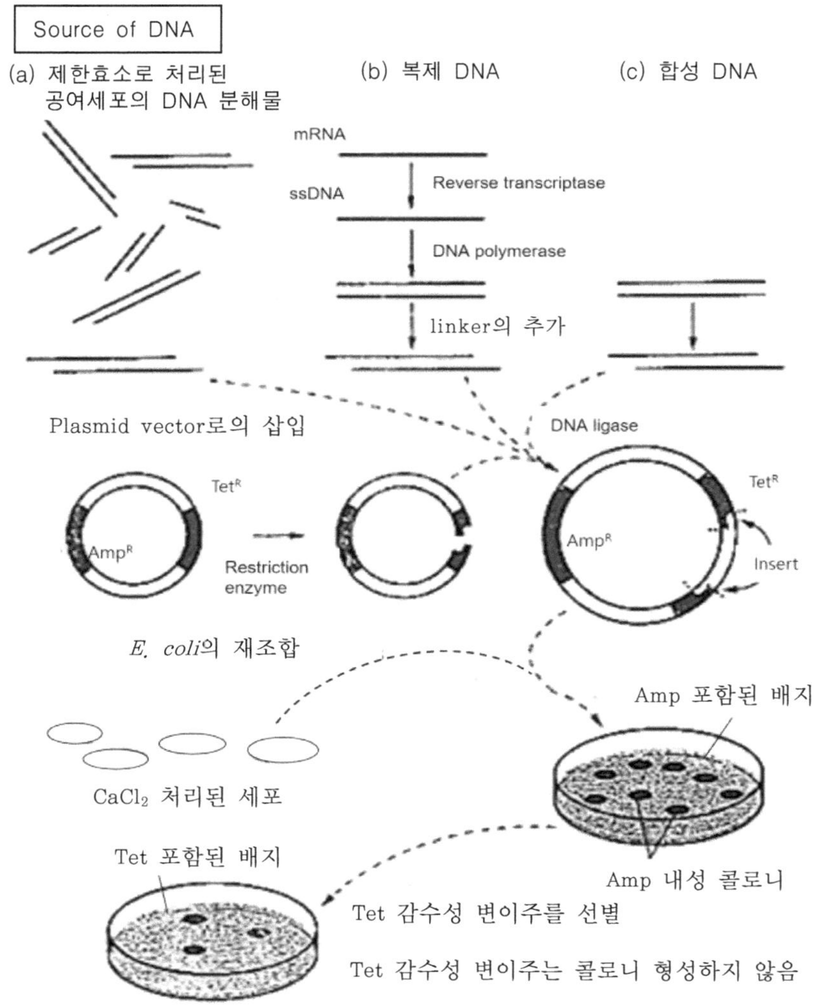


그림 6-6. DNA의 재조합 방법
(출처: Waites et al., 2006)

## 3.3 유전자 변형 생물

유전자 변형 생물(genetically modified organism, GMO)이란 DNA 재조합 기술 등으로 유용한 유전자를 삽입하여 형질을 전환시킨 생물체를 말한다. 이 생물체는 바이러스, 세균 등을 비롯하여 식물이나 동물에 이르기까지 포함되며, 각 산업에서 활용되기도 한다.

예를 들면, 무르지 않는 토마토, 해충 저항성을 갖는 옥수수, 황금쌀 등이 유전자를 변형한 생물에 속한다. '무르지 않는 토마토'는 최초의 GMO 제품이다. 토마토를 무르게 하는 유전자(PG)에 그것을 억제하는 유전자를 결합시켜 재조합 DNA를 만들고, 이를 토마토 종자에 삽입시키면 토마토의 과육이 지나치게 약해지지 않으면서 익는다.

해충 저항성 옥수수는 해충을 없애는 독성 물질이 발현되도록 만들어졌기 때문에 작물에 뿌리는 화학 살충제의 양을 상당량 줄일 수 있다. 이 옥수수의 독성은 위가 산성인 인간에게서는 활성화되지 않으므로 인간을 포함한 포유류에는 해가 없다. 이 외에도 비타민 A 결핍증의 예방을 돕는 황금쌀, 유전자 변형 가축 등이 유전자 변형 생물에 속한다.

유전자 변형 생물은 해충에 대한 저항성 혹은 화학 살충제, 제초제에 내성을 갖는 작물을 만들어 생산 효율을 높이고, 영양학적으로 우수한 식품을 얻을 수도 있다. 반면, 이렇게 유전자가 변형된 생물들은 인간의 건강이나 환경에 좋지 않은 영향을 줄 수 있는 잠재적인 위험성을 갖는다. 또한 새로운 생물체가 생태계에 도입될 경우 그 증식을 억제하지 못하거나 생태계 교란을 가져올 수도 있다.

그러나 GMO 식품의 찬반 논란은 아직까지 끊이지 않고 있다. 이점으로는 GMO 식품에 여러 영양성분을 보충하여 식량난에 대처할 수 있다는 점이 있으며, 문제점으로는 GMO 식품의 안전성에 대해 생각해 볼 수 있는데 유전자 조합으로 만드는 식품이다 보니 지속적으로 섭취할 경우 미래에 신체에 어떠한 영향을 야기할지 정확하게 알 수 없고, 이러한 이유가 아직까지도 많은 사람들이 GMO 식품을 꺼리는 원인으로 꼽을 수 있다.

# 제 7 장

# 프로바이오틱스

## 1. 프로바이오틱스의 정의

최근에는 인체에 대한 생리 기능성을 도와주는 균으로 '프로바이오틱스(probiotics)'라는 용어를 많이 사용하고 있다. 여기에는 건강에 유익한 세균 및 효모 등이 있으며, 이들 중 가장 대표적인 것은 다양한 유산균들이다. '포스트바이오틱스(postbiotics)'란 유산균(장내 유익균)이 대사과정을 통해 만들어진 부산물(by-products)을 말한다.

살아있는 형태가 아닌 부산물 자체이지만, 살아있는 형태의 유산균과 유사한 특성을 나타내는데 유산균과 유사하게 위장 건강을 조절하며, 장의 항상성 유지와 회복에 도움을 준다고 알려져 있다. 여기서 특히 사균체 만을 일컬을 때 '파라프로바이오틱스(paraprobiotics)'라고 하며, 대사산물만을 말할 때 '메타바이오틱스(metabiotics)'라고 한다.

유산균(lactic acid bacteria)은 유당(젖당)에서 주로 유산(젖산)을 생성하는 균으로 정의된다. 유산균의 일반적인 특성은 그람양성의 무포자균으로 DNA의 (G+C) 함량이 비교적 낮은 편이다. 오래 전부터 유산균 발효를 통하여 오염된 미생물의 생육을 억제하여 식품의 저장성을 좋게 하며, 관능적인 측면에서도 신맛을 부여하여 기호성을 높이기에 많은 식품가공에 사용되어져 왔다.

유산균은 현재 GRAS(generally recognized as safe)로 인정되어 있으며, 과거로부터 발효 및 기호성 증진 등으로 식품에 적용하여 왔지만, 최근에 더 나아가서 인체에 여러 가지 다양한 건강증진 효과들(체지방 감소, 면역 증진, 항산화 및 항염, 인지 개선, 치아 우식 예방, 관절염 예방 등)이 있음이 알려져 프로바이오틱스로서 균주 자체가 기능성 식품의 원료로서 연구되어 새로운 건강 기능성 자원으로 인정되기에 이르렀다.

이에 해당되는 대표적 유산균으로는 *Lactobacillus, Leuconostoc, Pediococcus, Lactococcus,* 그리고 *Streptococcus* 속 등이 있으며, 일부 포자형성 균으로 *Bacillus* 속이 있다.

## 2. 프로바이오틱스의 종류

프로바이오틱스에는 일부의 효모나 세균인 *Bacillus* spp. 등이 있으나 현재 대부분 이용되는 것은 유산균이므로 이에 대한 종류를 소개한다.

### 2.1 유산 구균

유산균 형태가 구형으로서 크게 *Lactococcus* 속과 *Streptococcus* 속이 있다. 전자의 예로는 *Lactococcus gravieae, Lactococcus lactis, Lactococcus pisculum, Lactococcus raffinolactis* 등이 있다. 이들은 주로 중온성으로 약 30℃에서 생육한다. 특히 *Lactococcus lactis*는 쌍구균 또는 짧은 연쇄상 구균으로 균체의 크기는 0.5~1.5 μm 정도이다.

대사로 인해 생산된 젖산은 우유를 응고시키며, 예로부터 버터 및 치즈 등의 낙농제품 생산에 이용되었고, 이 외에도 채소 초절임이나 빵 발효, 두유 발효, 버터밀크 등에도 이용되지만, 반면에 일정 조건에서는 병원성을 가지는 것으로도 알려져 있다. 최근에는 연구를 통해 식품산업뿐만 아니라 제약산업에도 응용하려는 연구들이 활발히 진행되고 있다. 대표적인 유산 구균은 다음과 같다.

*Streptococcus* 속은 고온성으로서 37~45℃에서 잘 성장한다. 예로서 *Streptococcus thermophilus, Streptococcus salivarius* 등이 있다. 이들은 phosphoenolpyruvate-phosphotransferase system(PEP-PTS)을 통하여 젖당을 잘 이용하므로 발효유나 치즈의 제조에 많이 이용되고 있다. 특히 *Streptococcus thermophilus*는 통성혐기성으로 catalase 음성(catalase-negative)이며, 정상 젖산발효(homolactic fermentation)를 한다.

*Pediococcus* 속은 Lactobacillaceae과에 속하는 것으로, 일반적으로 쌍구균 또는 사구균으로 존재하며, 정상 젖산발효를 한다. 주로 사우어크라우트(sauerkraut)에서와 같이 채소 발효에 이용되며, 이 과정에서 양배추 내의 당은 젖산으로 발효되어 산미와 저장성을 부여한다. 맥주나 와인의 양조주의 제조과정에서는 이취를 발생하여 오염균으로 인식되고 있다.

*Leuconostoc* 속은 Leuconostocaceae과에 속하며, 형태적으로는 달걀형 구균이며, 종종 사슬 구조를 형성한다. 이 균은 catalase 음성이며, 이상 젖산 발효(heterolactic fermentation)를 하여 설탕으로부터 덱스트란이라는 다당류를 생산한다. 양배추 발효와 사우어크라우트의 제조에 관여한다.

*Oenococcus* 속은 Leuconostocaceae과에 속하며, 와인의 제조에 있어서 말로락트 발효(malolactic fermentation)를 일으키는 중요한 균주이다. 종류로는 *Oenococcus oeni*와 *Oenococcus kitaharae*가 있다.

## 2.2 유산 간균

*Lactobacillus*는 균종에 따라 통성혐기성 또는 미호기성이며, 정상 젖산발효균으로는 *Lactobacillus acidophilus, Lacticaseibacillus casei, Lactobacillus delbrueckii* 등이 있고, 이상 젖산 발효균으로는 *Levilactobacillus brevis, Limosilactobacillus fermentum* 등이 있다. 인체 내에서 장내 균총을 이루며, 식품으로는 치즈, 요구르트와 같은 발효 낙농제품, 피클, 와인, 김치 등에도 널리 사용되고 있다. 그러나 맥주 제조에서는 부패균으로 간주하고 있다. 대표적인 유산 간균의 예는 다음과 같다.

*Lactobacillus acidophilus*는 주로 요구르트의 제조에 이용된다. 생리적 특성으로는 내산성이 강하여 pH 4～5 이하에서도 생육하며, 최적 생육온도는 약 30℃이다. 인체에 정착하여 항균작용 및 비타민 등 영양소 공급을 담당하여 프로바이오틱스로서 기능성 식품 원료로 사용되기도 한다.

*Lactoplantibacillus plantarum*은 사우어크라우트, 피클, 염지 올리브, 김치 등 채소 발효와 치즈, 발효소시지 등에 사용되어 왔다. *Levilactobacillus brevis*는 이상 젖산발효균으로 발효를 통하여 젖산뿐만 아니라 $CO_2$, 초산, 알코올 등을 생산한다. 산업적으로는 제빵발효나 젖산발효를 이용한 맥주의 생산에 이용된다. *Lacticaseibacillus casei*는 Group III에 속하며, 이상 젖산 발효균으로 6탄당을 사용하는 경우 EMP를 통하여 정상 젖산발효를 하고, 5탄당을 사용하는 경우에서는 6-phosphogluconate/phosphoketolase pathway를 거쳐서 젖산 이외에 초산을 만드는 이상 젖산발효를 한다.

일반적으로 DNA의 (G+C) 함량은 45～47% 정도이고, 낮은 온도인 15℃에서도 성장하며, 생육인자로서 riboflavin(vitamin $B_2$), folic acid, pantothenic acid, niacin 등의 비타민이 필요하다. 산업적으로는 발효유의 제조나 프로바이오틱스로서 이용되기도 한다.

*Lactobacillus delbrueckii*는 Group I으로서 정상 젖산발효균이다. 종류로는 *L. delbrueckii* subsp. *delbrueckii, L. delbrueckii* subsp. *lactis*, 그리고 *L. delbrueckii* subsp. *bulgaricus* 등의 아종이 있고, 특히 *L. bulgaricus*는 호열성으로 최적 생육온도가 42℃이다.

이 균은 요구르트 및 치즈와 같은 발효 낙농 제품에 사용된다. *Lactobacillus gasseri*는 정상 젖산발효를 하고, 인체의 장내에서의 생존성이 우수하고 건강 기능성(가령, 체지방 감소 등)을 가지므로 프로바이오틱스로서도 사용되어진다.

## 2.3 비피더스균

비피더스균(*Bifidobacterium*)은 방선균목(Actinomycetales)에 속하는 절대 혐기성의 그람 양성균으로 DNA 내 (G+C) 함량이 다른 젖산세균 보다 높다. 일반적으로 젖산세균으로 취급하고 동물의 장, 구강 또는 질 등에 존재하며, 특히 영유아의 장에서 총 균총 중 90% 이상 차지하는 균이다. 그러나 나이가 들수록 그 수는 감소하여 10～20% 수준으로 유지하다가 노년에는 더욱 감소한다.

비피더스균의 형태는 간균이지만 생육 환경에 따라 Y자형이나 곤봉 형태를 가지기도 한다. 생육 최적 온도는 36～38℃이지만 동물에서 유래된 균은 비교적 높아 41～43℃ 정도이고, 특히 *Bifibobacterium thermoacidophilum*인 경우 최적 생육온도가 49.5℃이다.

대사 중 탄수화물 대사에서 당들은 그림 7-1에서 보는 바와 같이 *Bifidobacterium*에 특이적으로 존재하는 fructose-6-phosphate phosphoketolase (F6PPK) 효소 작용을 받으며, Bifidus pathway를 거쳐 최종 산물인 초산과 젖산을 생산한다. 이 유기산들에 의해 장내에서 타 균에 대한 항균 활성을 갖고 장의 연동운동을 촉진시키는 효과를 갖는 것으로 알려져 있다.

*Bifidobacterium*은 숙주 특이성이 있는데, 인체의 장내에 주로 서식하는 종류로서는 *B. adolescentis, B. longum, B. bifidum, B. breve, B. infantis* 등이 대표적이다. *B. longum, B. bifidum, B. infantis, B. breve* 균주들이 주로 산업용 균주로 활용되고 있고 특히 *B. longum*은 환경적 스트레스에 대한 내성이 강한 편이다. *B. adolescentis*는 배양조건이 까다로워 잘 사용하지 않는다.

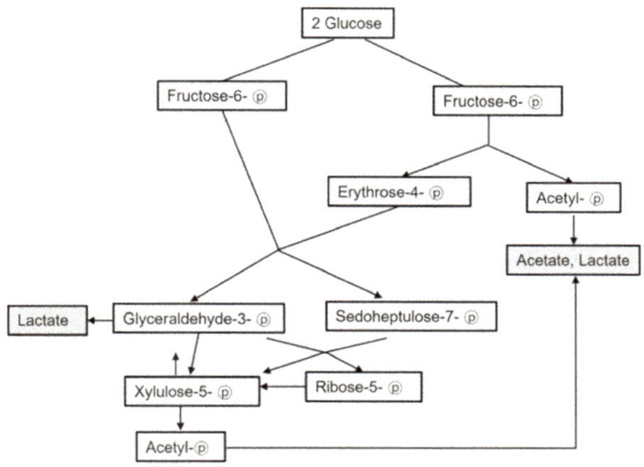


그림 7-1. Bifidus 젖산발효

## 3. 프로바이오틱스의 대사

유산균의 당 대사경로는 그 대사산물에 따라 크게 그림 7-2와 같이 두 가지로 분류할 수 있다. 포도당이 Embden-Meyerhof-Parnas(EMP) 대사경로를 통해 젖산만을 생산하는 것을 정상 젖산발효(homolactic fermentation)라고 하고, 이에 속한 유산균은 *Lactococcus, Enterococcus, Streptococcus, Pediococcus,* lactobacilli group I 등이 있다. 반면 5탄당 대사인 pentose phosphate pathway(PPP)를 이용하여 유산뿐만 아니라 $CO_2$, 알코올, 초산 등을 생산하는 것을 이상 젖산발효(heterolactic fermentation)라고 하고, 이에 해당되는 균주로는 *Leuconostoc, Oenococcus, Weissella,* 그리고 lactobacilli group II 등이 있다.

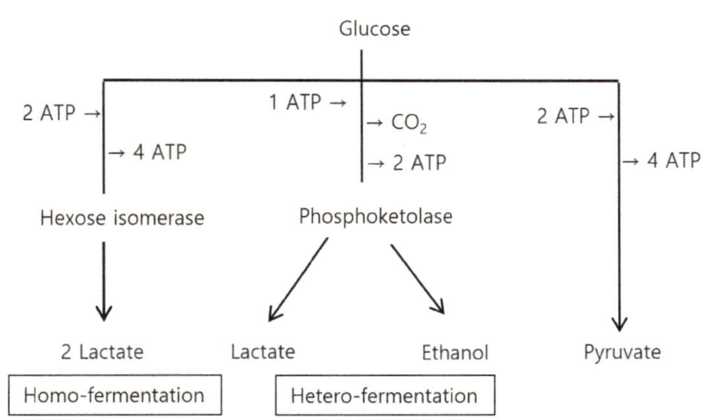


그림 7-2. 젖산발효 대사의 종류 (출처: Jay et al., 2005)

# 4. 프로바이오틱으로서의 조건

## 4.1 내산성 및 내담즙산성

프로바이오틱스는 인체에 섭취하는 과정에서 여러 가지 장애 요인에 의해 균체 수에 영향을 받는다. 즉, 위장 내에서 위산과 십이지장에서 분비되는 담즙산에 의하여 저해를 받으며, 실제로 대장에서의 균체 수는 급격히 저하된다(표 7-1). 따라서 프로바이오틱스의 선정에 있어서 우선적인 조건은 내산성 및 내담즙산성이어야 한다.

표 7-1. 프로바이오틱스의 내산성, 내담즙산성

| 항 목 | | *Lactobacillus rhamnosus* GG | *Lactobacillus plantarum* KU15149 | *Lactobacillus brevis* KU15176 |
|---|---|---|---|---|
| 내산성 | 초기 균수 | 8.31 ± 0.09[1)] | 8.40 ± 0.10 | 8.28 ± 0.03 |
| | 0.3% pepsin, pH 2.5, 3 h 처리 후 균체 수 | 8.25 ± 0.10 | 8.33 ± 0.06 | 8.07 ± 0.13 |
| 내담즙산성 | 초기 균수 | 8.31 ± 0.09 | 8.40 ± 0.10 | 8.28 ± 0.03 |
| | 0.3% oxgall, 24 h 처리 후 균체 수 | 8.55 ± 0.02 | 6.87 ± 0.07 | 7.36 ± 0.16 |

[1)]단위: Log CFU/mL (출처: Han et al., 2020)

## 4.2 장 정착능

프로바이오틱스의 기능성을 유지하기 위하여 가급적 많은 양이 오랫동안 장에 머무르는 것이 바람직하다. 프로바이오틱스는 그람양성균으로 그람음성균보다 장의 정착능이 매우 떨어지며, 일반적으로 총 균수의 2～5% 정도이다. 따라서 실용적인 균체 선정에 있어 가급적 높은 장 정착능을 고려하여야 한다. 그림 7-3은 유용 김치 유래 프로바이오틱스의 장 부착능을 실험한 결과이다.

## 4.3 유해 효소의 생산 여부

인체에 흡수된 지용성 독소는 간에서 친수성 물질로 전환되어 인체에서 배설되는데, 이 중에는 glucuronic acid나 sulfate와 결합하여 해독되고, 간으

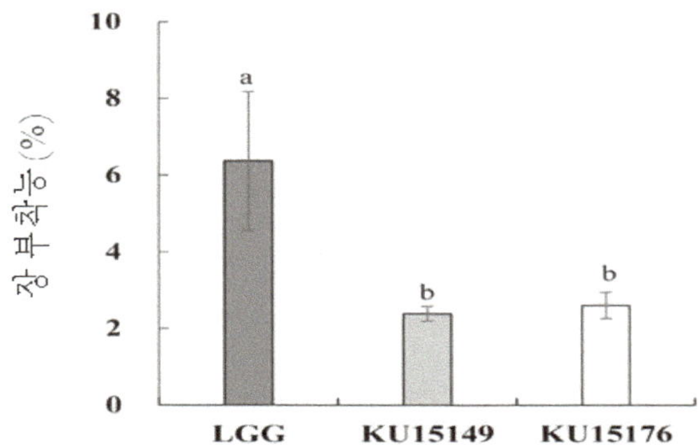


그림 7-3. 장 점막세포(HT-29) 대한 프로바이오틱스의 장 부착능
LGG, *L. rhamnosus* GG; KU15149, *L. plantarum* KU15149; KU15176, *L. brevis* KU15176 (출처: Han et al., 2020)

로부터 장으로 이송되는데, 이때 장내 존재하는 세균의 β-glucosidase나 sulfatase에 의해 다시 분해되어 인체 내로 재흡수되어 독성을 나타내기도 한다. 따라서 프로바이오틱스는 이러한 효소 생산이 없는 균주이어야 한다.

## 4.4 항생제 내성

프로바이오틱스는 인체 내에서 가급적 생균의 상태로 기능성을 나타내므로 환자인 경우 약물처리 시 항생제에 대하여서는 균의 내성이 매우 중요할 것이다.

표 7-2. 여러 유용 프로바이오틱스의 항생제에 대한 내성

| 항생제 | 처리조건(mg) | *Lactobacillus rhamnosus* GG | *Lactobacillus plantarum* KU15149 | *Lactobacillus brevis* KU15176 |
|---|---|---|---|---|
| Ampicillin | 10 | S | S | S |
| Gentamycin | 10 | R | R | R |
| Kanamycin | 30 | R | R | R |
| Streptomycin | 10 | R | R | R |
| Tetracycline | 30 | S | R | S |
| Ciprofloxacin | 30 | R | R | R |
| Chloramphenicol | 30 | S | I | S |
| Doxycycline | 30 | S | S | S |

S: Susceptible, I: intermediate, R: resistant (출처: Han et al., 2020)

그러나 유전학적인 면에서 항생제 내성 유전인자가 인체 내 존재하는 다른 세균에 재조합(recombination)될 가능성이 있기 때문에 'Clinical and Laboratory Standards Institute(CLSI)' guideline에 의거하여 안전성 여부를 결정하는 것이 바람직하다. 항생제 내성은 균주에 따라 다르며, 그 예는 표 7-2와 같다.

## 5. 프로바이오틱스의 건강 기능성

프로바이오틱스의 대표적인 기능성은 다음과 같다.

### 5.1 항산화 작용

프로바이오틱스는 세포벽에 존재하는 세포 외 다당류(exopolysacharide, EPS), 글루타치온(glutathione), 토코페롤(tocopherol), 아스코브산(ascorbic acid) 등과 같은 환원성 물질 생산 및 superoxide dismutase(SOD), catalase 등의 환원효소의 생산으로 항산화력을 가지고 있다. 그러나 항산화력은 기작 또는 균주에 따라 그 역가가 다르게 나타나며, 프로바이오틱스의 종류에 따른 항산화력은 그림 7-4에 나타낸 바와 같다.

### 5.2 항균 작용

장내 유해균은 여러 가지 기작으로 인체에 질병을 야기시킨다. 즉, 인체 내에서 장 독소(enterotoxin)을 생산하거나 세포에 침투하여 장에 염증을 유발하고 구토, 복통, 고열 등 여러 가지 질병을 야기시키며, 용혈 현상이나 뇌 신경 세포에 영향을 주어 질병을 야기시키기도 한다. 또한 유해 세균은 간에서 분비되는 1차 담즙산을 cholic acid나 lithocholic acid 등의 2차 담즙산으로 변화시키는데 이 물질은 암을 유발할 수 있다.

또한 장내 유해균에 의한 아미노산의 부패로 인하여 histamine, cadaverine, agmatine과 같은 유해 amine이 형성되고, 이는 대장암의 원인이 되기도 한다. 또한 장내세균의 이상 발효를 통하여 복부 팽창을 일으켜 과민성 대장 증후군을 유발하기도 한다. 특히 장내 세균은 야채에 존재하는 질산을 질산환원효소에 의하여 아질산으로 변화시키고, 아민류와 결합하여 nitrosamine과 같은 발암물질이 만들어지기도 한다. 또한 식품으로부터 유래되는 식중독균은 장내에서 세균성 침투 또는 장독소로 인해 여러 가지 질병을 초

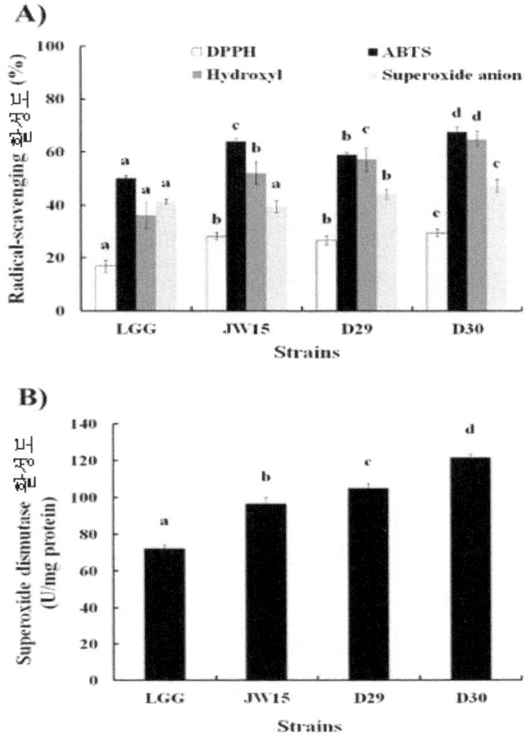


그림 7-4. 프로바이오틱스 균주의 항산화 효과
A) 라디컬 소거능, B) SOD 활성

LGG, *L. rhamnosus* GG; KU15149, *L. plantarum* KU15149; KU15176, *L. brevis* KU15176 (출처: Han et al., 2020)

래한다. 유산균은 인체 내에서 소화기, 구강 및 질 등에 정착하며, 젖산이나 과산화 수소($H_2O_2$) 등을 생산하여 장내에서 위의 여러 가지 유해균에 대한 항균 작용을 갖고, 균총의 균형을 유지시켜 정장 작용에 의한 건강 유지에 도움을 준다(표 7-3). 또한 유해균은 위생 측면에서 치아, 식기 및 식자재 표면에 생물막(biofilm)을 형성하여 화학적 살균처리에 저항력을 가지며, 이때 프로바이오틱스는 생물막 형성에도 저해 작용을 하는 것으로 알려져 있다.

## 5.3 쾌변 유도

발효 산물인 젖산 및 초산은 장의 연동 운동을 촉진시켜 줌으로써 변비를 예방할 수 있다. 특히 노인인 경우 운동력 저하로 변비가 자주 일어나며, 이로 인해 혈압 상승이 있을 수 있으며, 부패물질은 질병을 야기시키기도 한다.

유산균은 식이섬유나 유산균의 성장인자인 올리고당을 함께 섭취함으로써 변비 개선에 도움을 줄 수 있다.

표 7-3. 프로바이오틱스의 agar spotting법에 의한 병원성균에 대한 항균효과

| 병원성균 / 프로바이오틱스 | *Staphylococcus aureus* ATCC 25923 | *Listeria monocytogenes* ATCC 15313 | *Salmonella* Typhimurium ATCC 23564 | *Salmenella* Enteritidis ATCC 13076 | *Escherichia coli* ATCC 10536 |
|---|---|---|---|---|---|
| *Lactobacillus rhamnosus* GG | 24.8±0.62[1)] | 22.7±0.85 | 18.8±0.24 | 19.8±0.85 | 20.8±0.62 |
| *Weissella cibaria* JW15 | 25.7±0.85 | 26.3±0.24 | 20.2±0.47 | 20.5±0.82 | 22.5±0.82 |
| *Weissella cibaria* D29 | 23.8±0.94 | 23.5±0.82 | 21.2±0.47 | 22.5±0.82 | 22.5±0.82 |
| *Weissella cibaria* D30 | 22.7±0.24 | 23.8±0.47 | 17.7±0.62 | 19.7±0.62 | 21.5±0.82 |

[1)]각각의 병원성균을 도말한 각 TSA배지 위에 프로바이오틱스 배양액을 떨어뜨리고 24시간 배양 후 형성된 clear zone의 지름을 측정함. 단위: mm

(출처: Yu et al., 2019)

## 5.4 대장암 발생 요인 감소

유산균이 항암 효과를 갖는 이유는 유산균의 세포벽 또는 세포질 물질에 의한 면역 증강, 유산 균체에 의한 발암 물질의 흡착, 발암성 물질의 무독화, 인체의 발암 효소작용의 억제 등에 있는 것으로 알려져 있다. *Bifidobacterium*에 의한 항암 효과도 암세포의 직접적인 저지 효과보다는 발암물질을 감소시키거나 인체 면역능력을 증가시킴으로 인한 것으로 알려져 있으나 최근에는 일부 유산균들은 직접적으로 암세포 증식 저해를 한다는 보고도 있다. 여기서 실험동물에서 대장암 발생을 줄였던 *Bifidobacterium bifidum* 균주에서 항암에 대한 활성물질로서 chiro-inositol이 함유하는 다당류를 보고하였다.

## 5.5 항염증 작용

Macrophage인 RAW 264.7 cells에서 NO의 증가는 염증 유발을 의미한

다. RAW 264.7 cells을 lipopolysaccharide(LPS)로 염증을 유발시킨 후 프로바이오틱스를 처리한 처리 군에 있어서는 NO의 생성량이 적은 결과로 항염 효과가 있는 것으로 나타났다(그림 7-5).

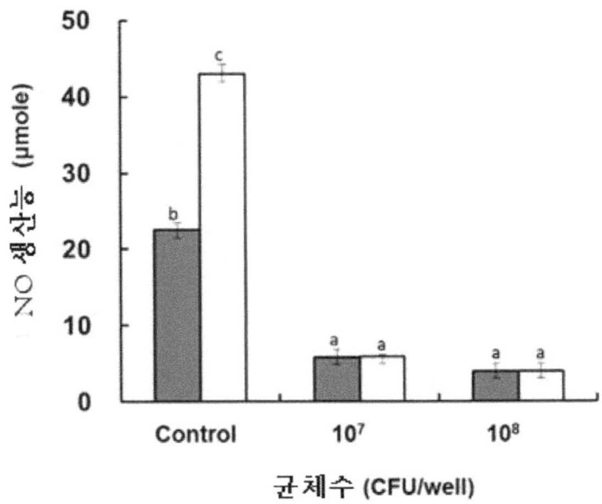


그림 7-5. RAW 264.7 cells에 대한 *Lactococcus lactis* KC24의 NO 생성능 저해효과

■ : LPS 비처리군 □ : LPS 처리군

(출처: Lee et al., 2014)

## 5.6 항알레르기 및 면역기능 강화 작용

최근의 연구 결과 유산균이 아토피성 습진, 천식, 알레르기 등의 예방과 치료에도 효과가 있음이 밝혀지고 있다. 알레르기 환자의 장에는 변형된 장내 균총이 있는 것이 알려져 있다.

프로바이오틱스의 알레르기 예방 기작은 차츰 밝혀지기 시작했으나 주로 장점막 면역에 의한 항염증성 면역 조절인자의 생산을 조절하는 것으로 알려지고 있다. 이에 대한 실험결과는 그림 7-6에 나타내었다.

## 5.7 영양소 공급

유산균은 나이아신(niacin), 엽산(folic acid), 피리독신(pyridoxine) 등의 비타민을 생산하여 인체에 제공하기도 한다. 또한 대장(colon) 건강에 도움을 주는 부티르산, 프로피온산 등의 단쇄지방산(short chain fatty acid, SCFA)을 생산하기도 한다.

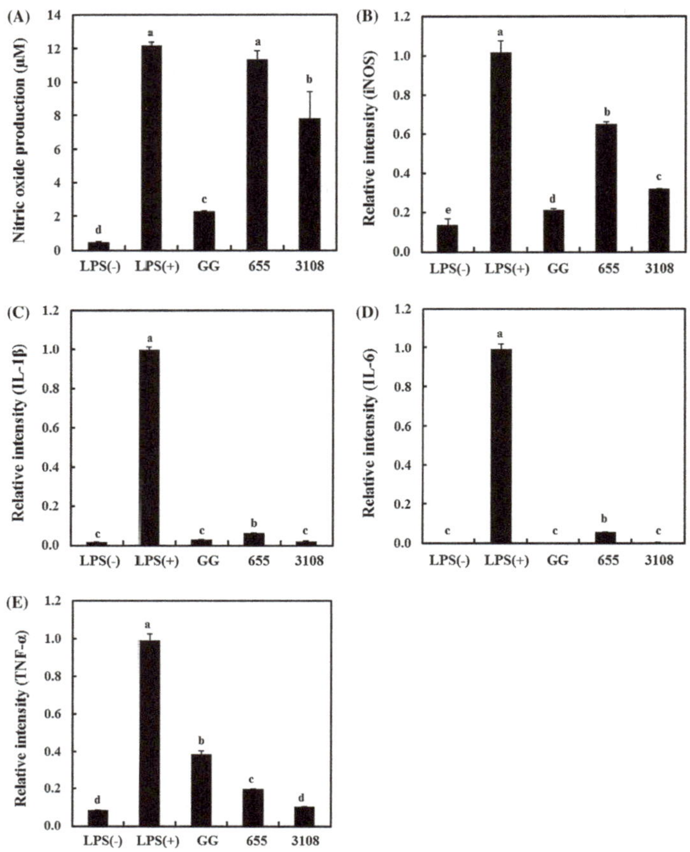

그림 7-6. LPS 처리된 RAW 264.7에서 프로바이오틱스로 처리군에 대한 면역인자의 생성 증가 효과

LPS(-) : LPS 비처리군, LPS(+) : LPS 처리군(10 ng/mL)
GG : *Lactobacillus rhamnosus* GG,
655: *Lactobacillus plantarum* 200655,
3108 : *Lactobacillus plantarum* KCTC 3108 (출처: Yang et al., 2019)

## 6. 프리바이오틱스

프리바이오틱스(prebiotics)는 인체에서 소화효소에 의해 분해되지 않으며, 대장 내에서 병원성 미생물의 생육을 억제하면서 유익한 균만의 성장 및 번식을 촉진시켜 주는 성분을 말하고, 인체 섭취 시 프로바이오틱스와 함께 조합할 때 신바이오틱스(synbiotics)라고 한다. 그 예는 표 7-4에 나타내었으며, 그 중 가장 대표적인 것은 천연 식품에서 가공된 fructooligosaccharide (FOS)이며, 천연물로는 치커리 뿌리를 물 추출하여 얻는 inulin 등을 들 수 있다. 특히 프리바이오틱스는 유산균의 생육을 도와 유산균의 항균 효과 등

생리 기능성을 증가시키며, Kariyawasam 등(2020)은 fructooligosaccharide과 유산균을 혼합하여 병원성균인 *Listeria*균과 대장균의 장세포에 대한 정착능이 감소하였음을 보고하였다.

표 7-4. 식품 유래 프리바이오틱스의 종류 및 프로바이오틱스에 대한 효과

| 프리바이오틱스 | 출 처 | 생육 촉진되는 프로바이오틱스 | 효 과 |
|---|---|---|---|
| Oligosaccharides | 양파, 치커리, 우엉, 밀 배아, 대두, 아스파라거스 | *Bifidobacterium* spp. | Bifidobacteria의 증식 증가, 부패세균 증식 억제, 변비 및 설사 예방 |
| Inulin, Fructooligosaccharide | 위와 동일 | *Bifidobacterium* spp., *Lactobacillus acidophilus*, *Lactobacillus casei*, *Lactobacillus plantarum* | Bifidobacteria의 생육 촉진, 유기산 생성 촉진 |
| Fructans | 돼지감자 | *Bifidobacterium* spp. | Bifidobacteria의 생육 촉진 |
| Glycomacropeptide | 모유의 단백질 가수분해물 | *Bifidobacterium bifidum* | 균주의 성장 촉진 |
| Stachyose, raffinose | 대두 추출물 | *Bifidobacterium* spp. | 생육 인자 |
| Lactinol | 유당의 당알코올 | *Bifidobacterium* spp. | 성장 촉진 |
| Lactulose | 유당의 유도체 | *Bifidobacterium* spp. | 성장 촉진 |

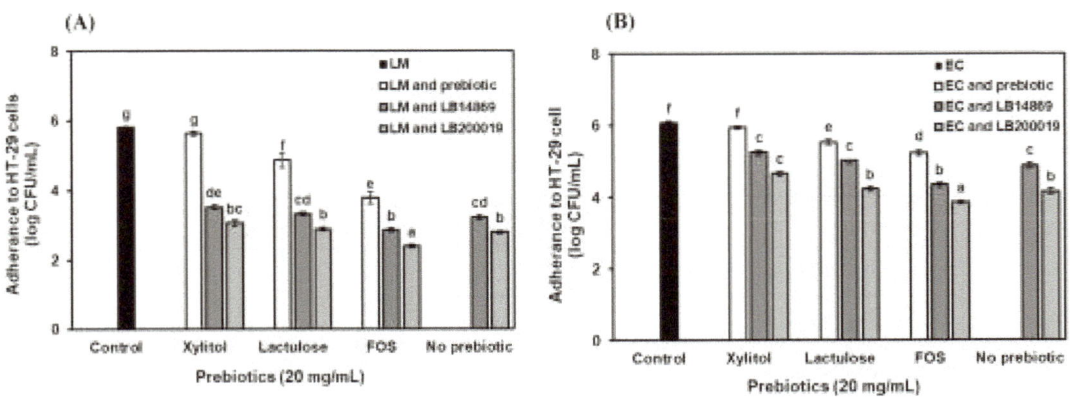


그림 7-7. 여러 가지 프로바이오틱스에 대한 *Listeria monocytogenes*(A)와 *Echerichia coli*(B)의 장세포인 HT-29에 대한 접착능에 미치는 영향

유산균(LAB, lactic acid bacteria): LB14869, *Lactobacillus brevis* ATCC 14869; LB200019, *Lactobacillus brevis* KU200019.

FOS: fructooligosaccharides (출처: Kariyawasam et al., 2020)

## 7. 마이크로바이옴

인체 내에는 여러 가지 미생물들이 살고 있는데, 인간 생명의 기본 단위인 사람의 세포 수는 약 100조이지만, 인체 내 미생물의 수는 1,000조로서 몸을 구성하는 세포의 숫자보다 인체 내 미생물의 숫자가 10배 이상 많다. 이 미생물들은 인체 내에서 필요한 영양분을 제공받는 대신 외부의 유해균의 침입을 막아주고, 대사작용과 면역조절 기능을 하면서 인간과 함께 서로 공존의 관계를 형성하며 공생관계로 살고 있다. 이 중 인체 미생물 중 장내 미생물은 4,000여 종으로서 약 100조 개 정도이며, 무게는 약 1.5kg이다.

인체의 장내에 음식물의 양과 세균의 양이 반반씩 존재하고, 매일 배설하는 분변 내용물도 수분을 제외하면 약 40%가 세균이다. 사람의 변을 현미경으로 관찰하면 변은 거의 세균 덩어리로 이루어져 있음을 알 수 있다. 이들은 99%가 편성 혐기성 세균으로 인체의 건강에 지대한 영향을 미치고 있다. 인체의 장내에는 약 400여 종의 세균이 서식하고 있으며, 이 중 30~40여 종이 전체 세균 수의 99%를 차지하고 있다.

인체의 소화기관에 따라 균종이 다르며, 위장인 높은 산도(pH 1~3)를 갖으며, 주로 $10^3$ CFU/g 미만의 호기성 그람 양성균이 서식한다. 이어서 소장에서는 미생물이 생육하기에 적당한 pH 6.8~8.6으로 *Lactobacillus, Bifidobacterium, Bacteroides* 및 *Streptococcus* 등이 $10^3$~$10^4$ CFU/g로 서식하고 있다. 대장에서는 총 균수가 $10^{11}$~$10^{12}$ CFU/g으로 대부분 혐기성 미생물이 자라며, 그 균총의 분포는 표 7-5와 같다.

표 7-5. 대장 내 서식하는 균총의 분포도

| 균 총 | 분포도 (%) |
|---|---|
| *Bacteroides, Fusobacterium* | 38 |
| *Eubacterium* | 26 |
| *Bifidobacterium* | 16 |
| Aerobic cocci | 14 |
| *Lactobacillus* | 3 |
| Facultative anaerobes, *Enterococcus, Staphylococcus, Enterobacteriaceae*, Yeast | 2 |
| *Clostridium* | 1 |

대장에는 일반적으로 *Lactobacillus, Bifidobacterium, Bacteroides, Fusobacterium* 및 *Eubacterium*이 우세하게 발견되어진다. 이 중 *Lactobacillus acidophilus*가 특히 중요하며, *Enterobacteriaceae*는 비교적 적게 발견된다.

연령에 따른 균총은 그림 7-8과 같다. 출생 후 약 4시간 후부터 장에 세균이 자라기 시작한다. 세균의 균총은 산모의 분만 방법, 분만 환경 등의 영향을 받고, 특히 모유 수유에 의한 영향을 많이 받는다. 초기에는 대장균, *Streptococcus* 등이 우세하다가 약 3주 후부터는 세균들이 안정화되어 *Bifidobacterium*이 우세하게 되는데, 유아와 성인에게 모두 가장 유익한 균이다.

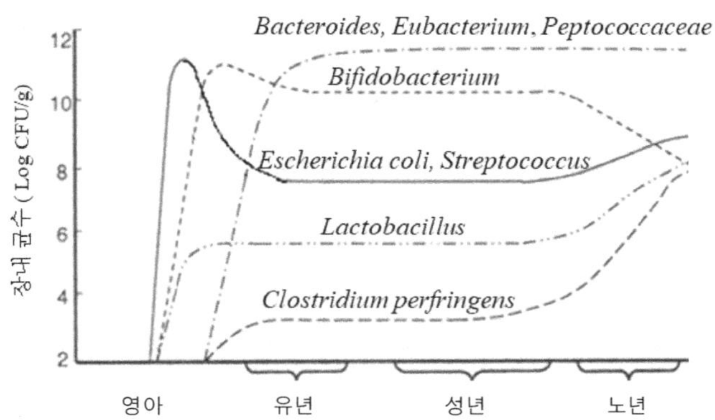


그림 7-8. 연령에 따른 장내 균총의 변화
(출처: 김동현 외, 2019)

유아가 모유 또는 분유를 섭취하느냐에 따라 장내에 섭취하는 균의 종류가 달라지고, 장내 환경 및 병의 이환율에 영향을 미친다. 특히, 모유를 먹는 아기는 *B. infantis, B. breve, B. longum* 등의 *Bifidobacterium*이 전체 장내 세균의 90% 이상을 차지하게 되어 대장균 등 유해균으로부터 보호받고, 면역 능력도 향상된다. 분유를 섭취하면 상대적으로 *Clostridium, Enterococcus*나 *Enterobacter*와 같은 유해성 세균들이 증가한다.

이유식 이후에 장의 균총은 복잡해지며, *Bifidobacterium*은 줄고, *Bacteroides* 외에 다소 유해한 균이 가장 많은 상태가 된다. 나이가 들어가면 균총의 종류도 바뀌어 *Bifidobacterim adolescentis*가 많은 상태로 변하게 되며, 노인이 되면 *Bifidobacterium*은 더욱 줄게 되고, 유해균의 대표인 *Clostridium perfringens*는 증가한다. 이와 같이 노인의 장내 균총이 유해하게 변하는 것은 장의 운동력이 줄어들고, 장내 세균에 의한 유해 물질 생산이 늘어나기 때문이다.

최근에 이와 관련하여 마이크로바이옴(microbiome)라는 용어가 사용되기 시작했으며, 이는 마이크로바이오타(microbiota)와 지놈(genome)의 합성어이다. 여기서 마이크로바이오타는 인간의 몸에 서식하는 공생관계의 미생물 또는 이들 미생물의 유전정보 전체, 또는 우리 몸에 사는 미생물 자체를 뜻한다.

최근에 장 속에 있는 미생물 중 어떤 균이 어떤 물질을 배설하고 있는지가 건강과 아주 직접적인 관계가 있음이 밝혀지면서 미국국립보건원(NIH)은 인간 몸속 미생물 유전자를 연구하는 인간 마이크로바이옴 프로젝트(human microbiome project, HMP)에 착수했고, 현재 국내는 물론 전 세계적으로 마이크로바이옴 컨소시엄(consortium) 연구가 꾸준히 진행 중이며, 이 프로젝트를 통해 인간 몸속에서 일어나는 각종 질병의 원인과 치료법을 찾을 수 있을 것으로 기대하고 있다.

생명의 기본 단위인 세포는 제1유전자로 인간 생명을 구성하고 있고, 태어날 때 부모로부터 물려받지만, 이 세포 유전자를 통해 난치병 치료를 위한 유전자 치료와 줄기세포 치료를 연구한 것이 제1지놈 프로젝트이다. 반면에 마이크로바이옴은 인간의 몸속에 함께 상생하고 있는 미생물들의 유전정보를 일컫는 말로 '제2지놈(second genome)'이라고도 하며, 인간 생명 유지 및 질병 예방과 치료에 필수적인 차세대 바이오산업의 핵심가치로 급부상하고 있다.

마이크로바이옴은 장 상피세포에 서식하며, 병원균의 감염을 차단하고, 다양한 대사 및 효소작용에 관여하면서 체내에 유입된 약물이나 발암물질을 분해하거나 변형시키고, 항암제나 심혈관제와 같은 많은 약물의 대사작용이 장내 미생물에 의해서 활성화 또는 불활성화 될 수도 있다. 인체 내에서의 특정 미생물군은 면역세포의 분화와 활성화를 유도해 면역 관용(immune tolerance)과 면역 자극(immune stimulation) 간의 균형을 조절한다.

신생아 시기에 장내에 마이크로바이옴이 제대로 조성되지 않으면 면역 관용이 형성되지 않아 알레르기 질환이 발생할 가능성이 높다. 또한, 항생제의 장기 복용은 장내 미생물 균형을 파괴하고, *Clostridium difficile*과 같은 특정 병원균의 과다 성장을 유도해 염증 반응을 일으킨다. 마이크로바이옴의 불균형이 심해지면 장내 방어벽 기능이 약해지고, 장관 점막이 손상된다.

결국, 장관 내에 존재하던 병원균과 독소, 항원 등이 혈류로 유입되어 면역 체계를 자극함으로써 감염성 질환이나 자가면역질환 등을 초래한다. 또한 장내 마이크로바이옴은 또한 비만, 심혈관 질환, 제2형 당뇨와도 깊은 관련성을 가지고 있다. 염증성 장질환(inflammatory bowel disease, IBD)은 대장성 크론병(Crohn disease)과 궤양성 대장염(ulcerativecolitis) 등 만성 염증성 질환은 유전적 요인과 환경적 요인뿐 아니라 마이크로바이옴이 중요 원인 중 하나로 추정되고 있다.

하지만 최근 제2지놈 프로젝트를 통하여 우리 장속에 있는 미생물 유전자가 우리 생명 유지 기능을 하고 있고, 이 장내 미생물은 음식물의 분해와 흡수, 소화효소와 호르몬 조절, 독소 배출, 생리적 대사와 면역기능 조절, 신경조절물질, 비타민 생성 등 인체 항상성 유지와 생명유지 기능에 다양하게 관여하고 있으며, 특정 질병의 치료에도 관여하고 있는 것으로 속속 밝혀지고 있다. 그러므로 우리가 건강한 삶을 살아가기 위해서는 장내 미생물 유전자, 즉 마이크로바이옴 유전자의 균형을 유지하는 것이 무엇보다 중요하다.

이와 같이 인체 미생물 유전자인 마이크로바이옴(microbiome)은 지금까지 몰랐던 다양한 질병에 관련되어 있다는 사실과 그 질병에 대한 원인 및 치료제로서 놀랄 만한 가능성이 열려 있고, 우리는 지금 마이크로바이옴 혁명 시대에 살아가고 있다고 해도 과언이 아닐 것이다.

# 제 8 장

# 균체의 생산

세계적인 인구 증가는 식량이나 에너지 부족으로 인해 국제적인 문제가 되고 있으며, 특히 후진국 및 개발도상국에서 식량 문제로 심각해지고 있다. 식량으로서 단백질의 부족량은 1980년에는 550만 톤이었으나, 2000년대에 이르러 1억 8,000만 톤으로 증가하였다. 이러한 식량 부족을 해결하는 방법으로는 (1) 품종 및 농작 기술에 의한 농·수·축산물의 증산, (2) 국제적인 식량자원의 유통의 개선, (3) 새로운 식량자원의 개발 등이 있다. 그러나 이러한 방법 중 (1)과 (2)는 수요를 충족시키기에 한계가 있으며, 새로운 자원의 개발이 가장 중요한 방법이다. 이에 하나의 방법으로 미생물 균체를 이용하는 방법이 있겠다.

## 1. 균체의 영양학적 성분

균체 성분에는 크게 세포의 구성원으로서의 성분과 복잡한 대사과정의 중간산물 또는 최종 축적 물질이라 볼 수 있다. 전자는 균체의 성분 조성이 거의 일정한 편이나, 후자는 미생물의 물리적 영양적 환경에 따라 변화가 있다. 각 미생물에 따르는 일반적 조성은 표 8-1에 나타내었다.

단백질에 있어서 최근 세계 인구의 폭발적인 증가에 의한 부족이 심각해질 것이 예측되고 있으며, 이에 따라 폐기물에서 아미노산 또는 단백질을 추출하여 활용하거나 낮은 영양가치의 단백질일 때 아미노산 강화로 영양 효율을 높이거나 생산 효율이 높은 새로운 식량자원 개발이 필요하다. 미생물은 축산업에서보다 단백질 생산 효율이 높아서 각광을 받고 있으며, 이 중 가장 안전하면서 기대되고 있는 것이 효모를 이용한 단세포 단백질(single cell protein, SCP)이다.

표 8-1. 미생물 균체의 영양학적 성분 조성

| 구 분 | 단백질 (g) | 지질 (g) | 탄수화물 (g) | 회분 (g) | Vit. A (IU) | Vit. $B_1$ (mg) | Vit. $B_2$ (mg) | Vit. C (mg) |
|---|---|---|---|---|---|---|---|---|
| 세 균 | 40～80 | 5～40 | 10～30 | 4.5～14 | - | 0.0～2.6 | 4～7 | - |
| 효 모 | 38～70 | 2～60 | 24～37 | 3～9 | 0 | 0.5～25 | 2.5～8.5 | 0 |
| 곰팡이 | 13～48 | 1～50 | 30～60 | 2.5～6.5 | - | - | - | - |
| 담자균 | 43.5 | 2.4 | 44.7 | 9.4 | 0 | 1.2 | 4.1 | 35 |
| 클로렐라 | 40～50 | 10～30 | 10～25 | 6～10 | 10,000～30,000 | 0.04～0.24 | 0.21～0.58 | 20～50 |

지질에 있어서는 미생물 균체의 지질 함량은 2～3% 정도이지만, 진핵세포인 효모, 곰팡이, 클로렐라(chlorella)는 배양 시 영양 조건에 따라서 건조세포의 최고 60%에 달하는 지질을 축적할 수 있다. 핵산은 유전정보를 갖고 있는 고분자이며, 이에 일부 mononucleotide는 정미 작용이 좋아 발효법으로 생산되지만, 효모 균체를 이용하여 조미료 원료로도 사용하고 있다.

탄수화물은 건조 균체량의 10～60%를 차지하며, 고분자인 glycogen이나 levan 등이 에너지 저장 물질로서 세포 내에 저장되고, 세균의 세포벽에서는 muramic acid, 곰팡이인 경우는 chitin질 등이 세포의 구조 유지에 관계한다. 탄수화물은 에너지 저장 물질로서 세포 내에서 단백질 또는 지방의 사이에서 서로 변환이 이루어진다. 5탄당인 ribose나 deoxyribose는 핵산의 일부로서 존재하고 7탄당도 확인되고 있다.

비타민 B군은 세포 내 여러 가지 대사의 조효소(coenzyme)로서 작용하는 것으로 미생물 내에 다량 함유하고 있으며, 특히 효모는 그 함량이 높은 편이어서 산업적으로 영양제의 원료로 사용되기도 한다. 한편 클로렐라는 vitamin A 및 C의 함량이 높아 기능성 식품의 원료로도 사용하고 있다.

## 2. 산업적 이용을 위한 균체의 종류

미생물에 의한 식량자원이 가능성이 대두된 이유는 미생물의 증식 속도가 고등식물에 비해서 빠르고, 생산 효율이 높을 뿐만 아니라 공업적으로 대량 생산이 가능하다는 것이다. 또한 좁은 면적에서도 많은 수확을 얻을 수 있고, 기후나 환경적 영향이 없으며, 생산관리가 용이하다는 점이다.

1910년 델브뤼크(Delbriick)에 의해 미생물 균체를 사료에 적용 가능성을 제시한 후 주로 효모를 이용한 연구와 산업적 생산이 이루어져 왔으며, 1930년대에 클로렐라가 식품 및 사료로서 작용 연구가 시작되어 현재 산업화되어 생산하고 있다. 1960년대에는 탄소원으로서 탄화수소 등의 석유류를 이용한 미생물 균체 배양 연구가 활발히 진행되어 그 후 기술적으로는 산업화가 가속화되었다. 그러나 새로운 미생물 균체의 사료 및 식량자원으로의 적용에 있어서 그 안전성에 대해서 충분히 검토가 필요하다. 최근에는 푸드테크(Food Tech) 산업의 한 분야로서 주목받고 있다.

### 2.1 효 모

현재 산업적으로 널리 시용되고 있는 대표적인 효모는 *Candida utilis*(또는 *Torulopsis utilis*)이며, 6탄당 뿐만 아니라 5탄당도 탄소원으로 이용하기 때문에 경제적으로 저렴한 목재 당화액이나 펄프 폐액을 원료로 하여 대량 생산이 가능하다. 그러나 *Candida utilis*는 세포의 크기가 비교적 작아 균체의 회수가 어려움으로 인해 균체 크기가 증대된 개량주인 *Candida utilis* var. *major* 균주가 활용되고 있다. 이 외에 *Saccharomyces carlsbergensis*, *Saccharomyces cerevisiae*, *Saccharomyces fragilis*는 식용뿐만 아니라 사료, 기능성 식품 원료 및 약용으로도 많이 쓰인다.

### 2.2 버 섯

식용으로는 주로 담자균에 속하는 것으로, 옛날부터 독특한 풍미로 식용으로 쓰이고 있다. 이 때문에 귀중한 식품으로 취급되고 있다. 식용 버섯 종류로는 송이, 표고, 싸리, 목이, 양송이 등 여러 가지가 있으나 재배법이 까다로운 편이다. 인공적 재배가 가능한 것은 표고와 양송이 등이며, 탱크 배양에 의해서 균사를 대량 생산하고 있다.

## 2.3 단세포 조류

조류 중에서 식용으로 실용화하고 있는 단세포 조류는 클로렐라와 *Scenedesmus* 등이다. 클로렐라는 식물체와 유사하게 태양 빛을 에너지로 이용하여 탄산가스를 고정하고, 생체 성분을 합성해서 증식하며, 생산 효율은 고등식물보다 매우 높다. 따라서 클로렐라는 세계 각국에서 산업적으로 가장 많이 생산되고 있는데, 종류로는 *Chlorella pyrenoidosa*와 *Chlorella ellipsoidea*가 있다.

남조류에 속하는 스피룰리나는 아프리카 중앙부의 원주민이 식용하고 있는 것으로 단백질 함량이 60～70%로 높고, 소화율도 높으며, 함황아미노산 함량이 비교적 높아 앞으로 산업적으로 전망이 밝은 조류이며, 현재 양산체제에 있기도 하다.

# 제 9 장

# 효 소

## 1. 효소의 특성

### 1.1 기질의 특이성

효소는 기질의 구조에 따라 특이성을 가지며, 이 관계는 key & lock의 관계와 같다. 즉 서로 구조(비대칭적 구조)가 같은 이성질체인 경우라도 한 가지 형태만 작용하게 된다. 예를 들면 아미노산인 경우 형태적으로 D-아미노산과 L-아미노산으로 나누며, 자연에서 세포 내에 존재하는 아미노산 대사 효소는 주로 L-아미노산만 선택적으로 작용한다.

### 1.2 반응 속도에 영향을 미치는 인자

효소의 반응속도는 아래와 같이 여러 가지 환경 조건에 따라 다르다.

#### 1) 기질의 영향

기질의 농도에 따라 생육속도는 그림 9-1과 같다. 일정 농도 이상에서는 효소 반응속도가 최대 속도에 가깝게 일정해지는데, 이를 기질의 포화농도라고 한다. 또한 최대 반응속도의 1/2이 되는 기질의 농도를 Michaelis 상수(Km)라고 하고, 기질과의 친화력을 의미하며, 값이 작을수록 친화력이 크다는 것을 의미한다.

유사한 기질이라 하더라도 Km 값이 각각 다르며, 예로서 한 아밀레이스에 대하여 기질로서 감자 전분, 쌀 전분, 밀 전분을 사용하였을 때 이에 대한 효소의 친화력이 달리 나타난다.

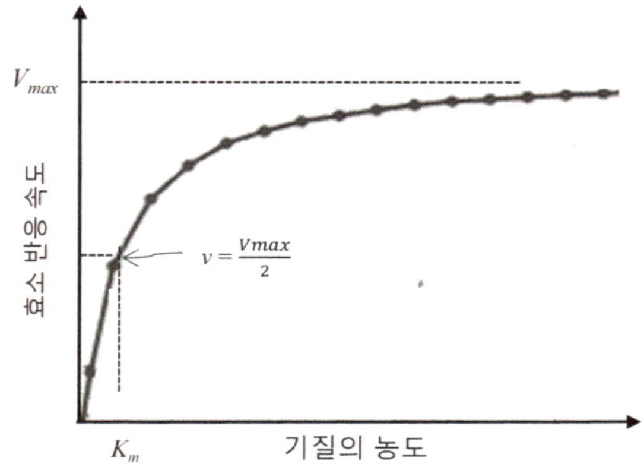


그림 9-1. 기질 농도에 따르는 효소의 반응 속도

### 2) 온도의 영향

효소의 반응에서 효소의 구조적 특성에 따라 최적 온도(optimum temperature)가 있으며, 일반적으로 30~40℃이다. 반응 속도는 최적 온도 전후로 비대칭적이며, 최적 조건 이후로는 단백질인 효소의 열 변성으로 급격히 감소한다.

### 3) pH의 영향

pH는 기질과 효소의 활성 부위(active site)의 이온화에 대하여 영향을 주며, 각각의 이온화에 대한 최적 농도가 설정된다. 또한 기질과 효소의 용해도에 영향을 주며, 예로서 효소의 등전점인 pH에서는 효소 활성이 급격히 저하된다. 구조적으로 몇 개의 subunit로 이루어진 효소인 경우 그들 간의 해리 또는 결합 등으로 역가에 영향을 줄 수 있다.

### 4) 활성제 또는 저해제의 영향

효소 활성에 영향을 주는 조효소 및 금속이온의 존재 여부는 효소의 구조적 변화 또는 효소 반응에 직접적 관여 등으로 효소 역가에 영향을 미친다. 예로서 cAMP, vitamin B group, $Mg^{2+}$, $Ca^{2+}$ 등의 금속이온을 들 수 있다.

## 2. 효소의 분류

효소의 분류는 국제생화학협회에서 규정한 체계(E.C. nomenclature, Commission on Enzymes of the International Union of Biochemistry)에 의하여 반응 특성에 따라 아래와 같이 분류하고 있다. 효소의 분류는 4자리 코드로 표현되며, 아래 분류는 그 첫자리 번호를 의미한다.

- **〈Class 1〉** 산화환원효소(oxidoreductase): 산화와 환원작용을 하는 효소이며, 일반적으로 2가 또는 3가 이온의 금속이온을 가지고 있는 효소가 많다. 예로서 catalase, peroxidase, oxygenase 등이 있다.
- **〈Class 2〉** 전달효소(transferase): 한 성분의 기능기를 다른 성분으로 옮겨 주는 역할을 한다. 예로서 aminotransferase를 들 수 있다.
- **〈Class 3〉** 가수분해효소(hydrolase): 한 성분을 물 분자를 사용하여 분리하는 효소이다. 예로서 lipase, 아밀레이스, cellulase, protease 등이 있다.
- **〈Class 4〉** 분해효소(lyase): 한 성분을 물 분자 관여 없이 분리하는 효소이다. 예로서 amino acid decarboxylase 등이 있다.
- **〈Class 5〉** 이성화효소(isomerase): 분자 내의 구조적 재배열을 유도하는 효소이다. 예로서 isomerase, epimerase 등이 있다.
- **〈Class 6〉** 연결효소(ligase): 분자와 분자를 연결하는 효소로 일종의 합성효소이며, ATP와 같은 에너지를 요구한다. 예로서 acetyl CoA synthetase, peptide synthetase 등이 있다.

## 3. 효소의 정제

실험실적인 규모의 정제 과정은 그림 9-2에서 보는 바와 같다. 세포내 효소(intracellular enzyme)인 경우는 배양액으로부터 원심분리를 통하여 균체를 회수하고, 회수된 균체는 다음과 같은 방법으로 세포벽을 파쇄한다.

① 기계적인 방법: blender, ball mill 또는 homogenizer를 사용한다.

② 자가소화(autolysis): ethyl acetate, toluene, acetone, Triton X-100, sodium lauryl sulfate 등을 사용하여 원형질막을 용해한다.

③ 라이소자임 사용: 세포벽을 가수분해시킨다.

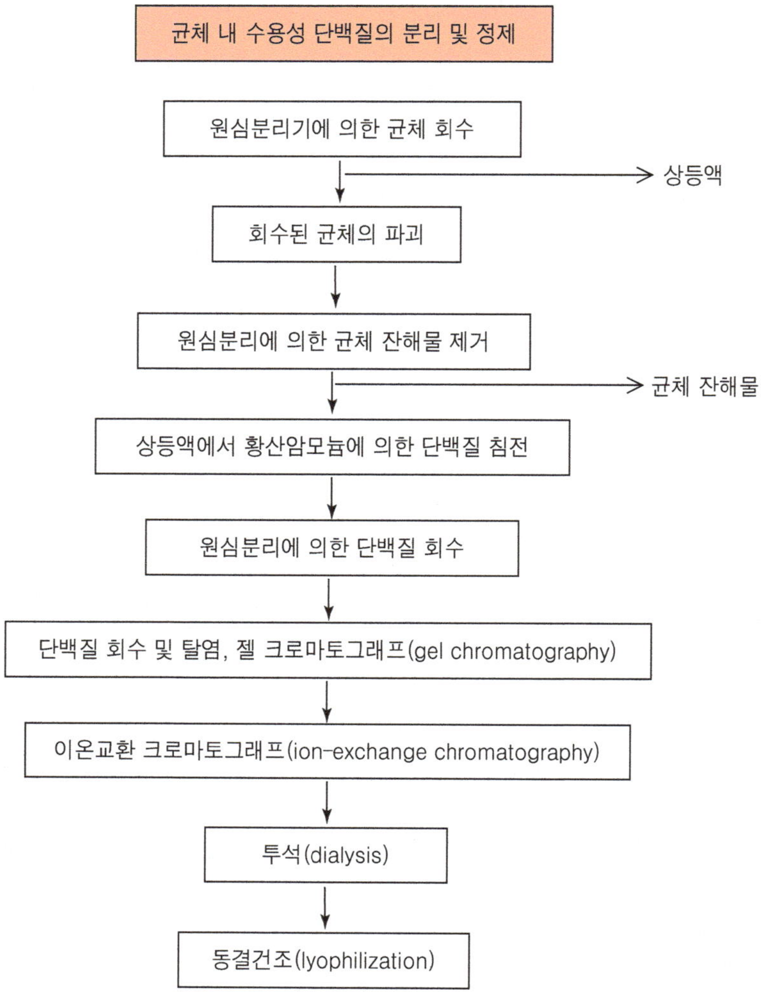


그림 9-2. 효소의 실험실적 정제 과정의 예

④ 삼투압 사용: 전해질 농도 저하로 원형질이 팽창되고 파괴되는 것으로, 세포벽이 없는 세포에 적용된다.

⑤ 동결: 완만한 동결로 인한 큰 얼음 결정체의 성장에 의해 세포가 파괴되는 원리이다.

⑥ 초음파(unltra-sonication): 10～60 kHz의 초음파로 세포벽의 동공(cavitation)을 형성시켜 파괴하는 방법이다.

⑦ 고압 처리: 초고압(70～1,000 kg/cm$^2$)으로 물리적인 힘으로 파괴하는 방법으로, 노즐을 통한 분사법을 사용한다.

파쇄된 세포는 원심분리를 통하여 제거하고 상등액을 포화 황산암모늄 염용액으로 침전(salting out) 후 원심분리하고, 침전물을 투석(dialysis)을 통하여 잔존하는 염을 제거한다. 탈염된 효소액은 많은 종류의 효소가 존재하므로 분자량 차이나 이온성의 차이 등 2가지 이상의 서로 다른 원리를 갖는 크로마토그래피법을 통하여 원하는 단백질을 정제하고, 이때 효소인 경우는 원하는 효소의 추적을 위하여 효소 활성을 추적하여 선별한다. 최종적으로 분리 정도는 전기영동이나 초원심분리로 확인할 수 있다.

산업적인 대량 생산에서는 경제성 및 인력의 소모로 인한 제조 경비를 감안하면 제한이 있으며, 주로 염석법, 농축, 에탄올 등의 유기용매 첨가, pH 조절에 의한 등전점(isoelectric point)에 의한 침전법을 사용하여 제조되며, 정제도는 떨어진다. 분리된 효소는 분무 및 동결건조나 결정화 등을 거쳐 제품화한다.

## 4. 효소산업의 적용

### 4.1 Amylase

아밀레이스(Amylase)는 알코올 발효나 된장이나 간장 등의 장류 발효에 사용되어진다. 주로 곰팡이인 *Aspergillus niger, Rhizopus* 속이나 세균인 *Bacillus licheniformis*에서 제조된다. 아밀레이스는 효소의 전분의 용해도를 증가시키고, 부분적인 가수분해를 하는 액화효소(liquefying enzyme)인 α-아밀레이스와 액화된 saccharide로부터 이당 또는 단당류로 가수분해하는 당화 효소(saccharifying enzyme)인 β-아밀레이스 및 glucoamylase가 있다.

α-아밀레이스(1, 4-α-glucan-glucanohydrolase)는 균체외 효소로서 α-1,4 결합을 무질서(random)하게 가수분해하여 6～7개 정도의 포도당으로 구성된 dextrin을 만드는 endoenzyme이다.

α-아밀레이스를 생산하는 세균에는 *Bacillus subtilis, B. cereus, B. amyloliquefaciens, B. coagulans, B. polymyxa, B. stearothermophilus* 등이 있고, 곰팡이로는 *Aspergillus, Penicillium, Mucor, Candida, Rhizopus* 등이 있다. 이 중 *Bacillus amyloliquefaciens, B. licheniformis, Aspergillus oryzae*가 주로 사용되며, *Bacillus*가 생산하는 아밀레이스는 *Aspergillus* 효소보다 더 광범위하게 사용된다. 효소 단백질에는 비교적 다량의 tyrosine과 tryptophan을 함유하고 있으며, 대부분 활성을 위해 $Ca^{2+}$를 필요로 한다.

β-아밀레이스(amylo-1,4-maltosidase, α-D-(1,4)-glucan maltohydrolase)는 exoenzyme으로서 amylose의 비환원성 말단 바깥으로부터 맥아당의 단위로 가수분해시키는 당화효소이다. 고구마 등의 서류, 곡류, 콩류 또는 엿기름(malt), 타액(saliva)에 널리 분포되어 있으나, 이 효소를 생산하는 미생물에는 *Bacillus polymyxa, B. megaterium, Rhizopus delemar, Aspergillus niger* 등이 있다. 세균에서의 이 효소는 내열성이 식물성 효소보다 높으며 $Ca^{2+}$를 요구하지 않는다.

Glucoamylase(α-D-(1,4)-glucan hydrolase)는 전분에 작용하여 amylose와 amylopectin의 α-1,4, α-1,3 또는 α-1,6 결합을 바깥으로부터 순서대로 가수분해하여 직접 α-D-포도당을 생산한다. 균주로는 *Aspergillus niger, A. oryzae, A. awamori, Rhizopus niveus* 등이 있으며, 이 중 대표적인 균은 *A. niger, R. delemar*이다.

### 4.2 Cellulase

주로 섬유산업에 이용하며, 직물의 염색 시 보호제로 사용되는 고분자 탄수화물인 증점제(thickening agent)를 가수분해하여 제거하는 데 사용된다.

### 4.3 Hemicellulase

작은 분자량의 hemicellulase를 가수분해하며, 제지산업에서 pulp의 수율을 증진시키기 위하여 사용되어진다.

### 4.4 Pectinase

과일 음료 가공 시 사용되며 이 효소는 과즙에 존재하는 polygalacturonic acid(pectin)을 가수분해시킴으로써 점성을 저하시켜 여과 공정을 더욱 효율적으로 이루어지게 한다.

### 4.5 Lactase

유제품에 적용되며, 유당불내증 환자(lactose intolerant patient)의 유제품에 적용하여 lactose를 galactose와 포도당으로 가수분해한다.

### 4.6 Invertase

설탕을 fructose와 포도당으로 가수분해하며, 최초로 고정화 효소로 산업에 응용되기도 하였다.

### 4.7 Melibiase(또는 raffinase, $\alpha$- alactosidase)

제당산업에서 사용되며, 사탕수수에 존재하는 3탄당인 raffinose(galactose+glucose+fructose)을 galactose와 sucrose로 가수분해한다.

### 4.8 Naringinase

감귤류 과실에 존재하는 naringin은 배당체의 플라보노이드 성분으로서 쓴맛을 부여하여 상품의 가치를 저하시킨다. Naringinase는 사용하면 이를 가수분해하여 당과 aglycone 부분인 naringenin을 생산하며, 쓴맛을 제거시킬 수 있다.

### 4.9 Protease

*Aspergillus niger*에서 생산하는 rennet을 사용하여 치즈 산업에 적용되며, 맥주 제조에서 단백질과 polyphenol의 결합에 의한 침전을 방지하기 위하여 사용된다. 또한 세제로서 단백질 제거와 피혁 공정에서 불필요한 털을 제거하기 위하여 사용된다.

### 4.10 Lipase

지질을 가수분해하는 효소로 피혁 산업에서 지질의 제거 및 세제로서 지질의 오염물질을 제거하는 데 사용된다.

## 5. 생물전환

생물전환(bioconversion 또는 biotransformation)은 일반적으로 생물체가 가지고 있는 효소의 촉매 기능을 이용한 물질의 전환을 말한다. 그리고 기질 또는 전구물질로부터 원하는 생산물을 제조하는 기술을 '생물전환 기술'이라고 한다. 발효는 미생물의 생명 현상을 이용해 대사산물을 얻지만, 생물전환은 생화학 반응으로 원료 물질을 생산 물질로 변화시키는 것이라는 차이가 있다. 활용 형태는 세대시간이 짧고 배양이 쉬운 세균, 곰팡이, 효모 등의 미생물 또는 그 기원의 효소가 이용된다. 어떤 생물 촉매를 사용할 것인가는 기질과 생성물의 형태, 촉매의 활성, 반응 특성 및 반응기 형태, 경제성 등을 고려해 결정한다.

생물전환 기술의 특징은 생산물의 기질 및 생산물의 분자 구조적 특이성이 있으며, 식품공업과 세제로 출발해 정밀화학 공업, 의약품 산업, 환경 산업, 측정기기 산업 등으로 범위가 확장되어 왔다. 특히, 화학공정으로 불가능하거나 난해한 반응을 생물전환 공정을 이용해 해결할 수 있다. 또한 생물전환을 통하여 기질을 좀 더 생물학적 건강 기능적인 효과가 높은 물질로 전환시켜 산업적으로 응용할 수 있다.

한 예로서 인삼의 주요 생리활성 물질인 여러 가지 진세노사이드는 곰팡이나 유산균 등에 존재하는 glucosidase를 활용하여 기능성이 좀 더 증가된 유도체를 생산할 수 있다. 전환 경로는 그림 9-3과 같으나 균주 특성에 따라 대사경로가 다르게 나타나므로 산업적 활용 시 균주의 선택을 잘 고려하여야 한다(Jung et al., 2017; Park et al., 2022).

이 외에도 sodium glutamate를 전구체로 하여 유산균을 사용하면 신경안정제인 $\gamma$-aminobutyric acid(GABA)를 생산할 수 있으며, 플라보노이드와 같은 polyphenol류 성분으로부터 유산균을 활용하여 여성호르몬의 대체제인 eqol이나 여러 가지 생물활성이 증진된 aglycone들로 생물전환을 할 수 있다(Breinholt et al., 2000; Dhakal et al., 2012).

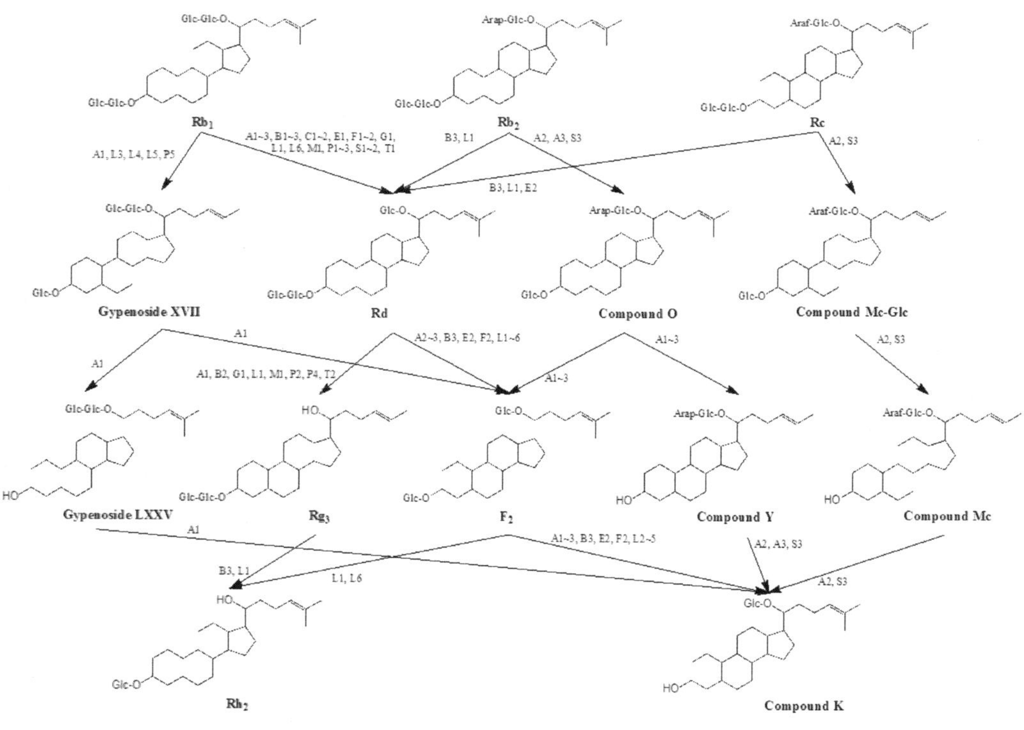


그림 9-3. 진세노사이드의 생물전환 경로
(출처: Eom et al., 2018)

# 제 10 장

# 알코올 발효

## 1. 술의 분류

발효에 의한 만들어진 술을 양조주라고 하며, 양조주를 증류하여 알코올만을 회수하고 다시 희석하여 제품화한 것을 증류주라고 한다. 양조주의 제조는 아래 그림 10-1과 같이 이루어져 있다.

주원료인 전분을 미생물 효소를 사용하여 단당류 또는 이당류로 가수분해하는 당화 공정과 단당류로부터 효모를 이용 알코올이 생성되는 발효 공정으로 나뉘어진다. 두 가지 공정이 필요한 것을 복합발효주, 당화 공정으로만 이루어진 것을 단발효주라고 한다. 복발효 중에서 두 공정이 단계 별로 이루어지면 단행 복발효주라고 하고, 동시에 일어나는 것을 병행 복발효주라고 한다. 각각의 예는 다음과 같다.

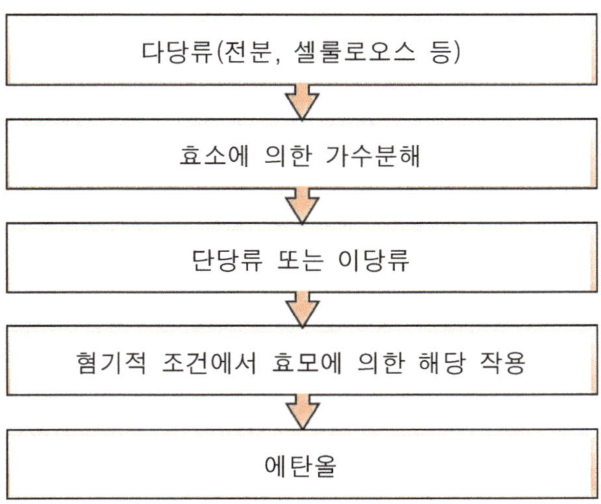


그림 10-1. 알코올 발효의 단계

- 양조주:
  - 단발효주: 브랜디, 럼
  - 복발효주
    - 단행 복발효주: 맥주
    - 병행 복발효주: 청주, 탁주
- 증류주:
  - 단발효주: 와인
  - 복발효주
    - 단행 복발효주: 위스키, 진
    - 병행 복발효주: 소주, 고량주(단발효)
- 혼성주: 조미용 주류(미림), 인삼주, 매실주, 감미 포도주

## 2. 탁주, 약주

전통적으로 내려오는 보편화된 민속주이다. 약주와 탁주는 제조 조건이 약간 상이할 뿐 제조 과정은 유사하며, 제품에서 탁주는 알코올 6~8%, 조단백 1.1%, 총 산 0.2~0.3%, pH 3.8~4.7, 81 cal/g이며, 약주는 알코올 10~13%, 조단백 2.4%, 총 산 0.3~0.4%, pH 4.3~4.5 정도이다. 원료 및 제조 공정은 다음과 같다.

### 2.1 원 료

쌀, 밀가루(중력분 1급)로 각각 증자하여 사용한다. 발효제는 사용 목적에 따라 다음과 같은 것 등이 있다.

① 누룩(곡자, koji): 밀을 분쇄 후 살수, 혼합, 반죽하여 0.8~1.6 kg 성형 후 *Aspergillus oryzae*(황국균) 또는 *Aspergillus niger*(백국균)을 표면 접종한 것으로, SP는 300 이상이다. 여기서 SP(saccharification power, 당화력)란 검체 1 g 당 1분 동안 포도당 1 mg의 증가를 나타내는 역가이다.

② 입국: *A. niger*를 쌀, 밀가루, 옥수수 가루에 접종, 전분 당화, 향미 부여, 오염 방지의 역할을 한다.

③ 분국: 밀기울을 pH 3.2~3.5로 조절하고, *A. usami*를 접종한다. 효소력이 강하여(SP: 600 이상) 역가 부족 시 보충용으로 사용한다.

### 2.2 술밑(주모, seeds)

효모의 순수 배양액을 말하며, 제조 공법에 따라 다음과 같이 나뉘어진다.

① 수국 주모: 입국만으로 제조, 자체 산도 조절(구연산), 경제적이고 간편하다.

② 곡자 주모: 곡자, 덧밥, 젖산을 혼합한 것

③ 속양 주모: 분국, 덧밥, 젖산을 혼합한 것으로 신속하다.

### 2.3 술덧(mash) 담금

발효 공정이며, 덧밥에 대하여 급수(150~180%), 주모(2%), 입국(40% 이하) 및 곡자(20% 이하)가 혼합된다. 2단으로 나누어져 행하여지며, 1단에서는 주모, 입국, 물 등을 사용하여 효소 및 산을 침출시키는 단계로서 효모 증식, 용해 및 당화 목적으로 하며, 22~28℃에서 2~3회 교반하면서 1~2일 동안 행하여진다. 2단에서는 덧밥과 발효제를 첨가하여 당화 및 알코올 발효를 진행하는 단계로 28~30℃에서 2~3일(약주는 4~5일) 동안 발효가 진행된다.

### 2.4 제 성

발효가 끝나고 품온이 저하되면 하위 공정이 되며, 알코올 농도를 조절하고, 술덧의 주박은 체로 거르거나(탁주) 주대(약주인 경우)에 넣어 압착 여과한다.

## 3 청 주

청주는 3단 담금이며, 이는 산, 알코올 및 주모 밀도의 급격한 희석으로 인한 오염을 방지한다. 또는 병행 복발효로서 효모의 발효를 원만하게 하기 위한 40%의 고 농도 당분을 서서히 증가시키며, 고 농도 담금으로서 쌀에 대하여 120~130%의 용수가 필요하다. 또한 개방 발효이며, 저온(8~16℃)에서 이루어져 향미가 우수하다. 청주는 유기산(호박산, 젖산 등)을 함유하고 있으며, 산도 1.1~2.4, 전질소 0.1%, 당도 2~5%, 알코올 15~16.9% 정도이다. 청주의 일반적 제조공정은 그림 10-2와 같다.

### 3.1 주원료

현미를 도정하여 외층을 제거하고 도정율 75%로 정미를 만든다.

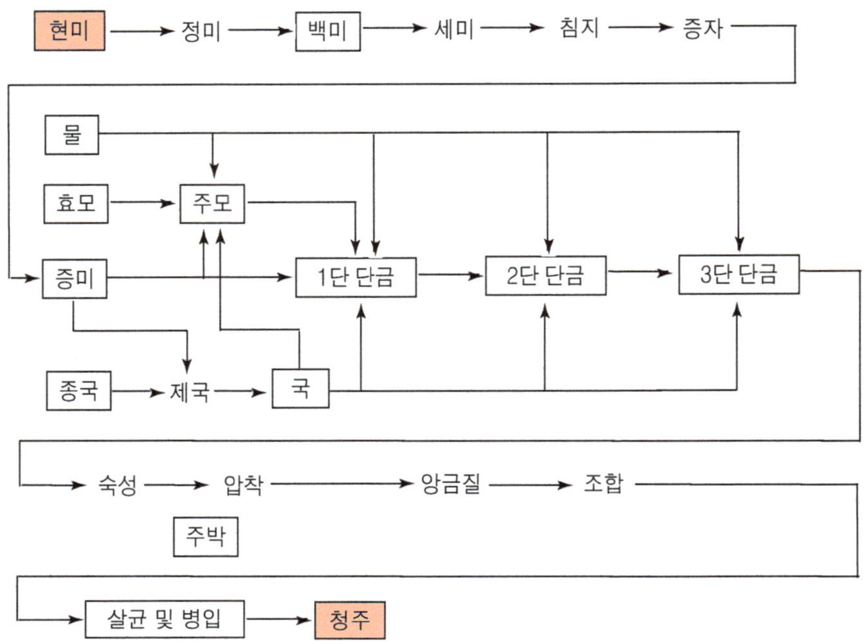


그림 10-2. 청주의 제조

### 3.2 제 국

코지(koji)를 만드는 단계로서 용량에 따라 상자제국(1.5 kg), 대형 상자제국(상국법, 30 kg), 기계제국(통풍법) 등이 있다.

### 3.3 술밑(주모, seeds)

술밑 제조방법은 오염 방지를 위한 젖산의 첨가 방지를 따른 두 가지가 있으며, 키모토법으로 8℃에서 20~30일 동안 하는 효모를 배양하며, 이때 유산균들에 의해 젖산이 생성된다. 속양계 주모는 국에서 젖산을 인위적으로 첨가하는 것으로 20℃에서 7~10일 간 제조된다.

### 3.4 술덧 담금(mash)

3단으로 이루어지며, 1단에서는 주모의 효모의 활성화를 위하여 2일 정도 12~15℃에서 담금하며 제2의 주모라고도 한다. 2단에서는 효모의 증식 유도를 위하여 1일 담금을 하며 이때 원료(물, 국, 증미)를 2배 증량하여 10℃

에서 행하고, 3단에서는 발효의 활성화 단계로서 8℃에서 3주 동안 발효시킨다.

### 3.5 제 성

발효 술덧을 압착하여 주박을 제거시키고, 여과액은 10일 간 정치하여 앙금을 제거하고 규조토 또는 활성탄으로 여과시킨 다음 살균 및 포장(병)을 하거나 저장을 한다. 이때 제품 및 저장 중에 화락균(*Lactobacillus homohiochii*)이 생육인자인 mevalonic acid에 의하여 증식하면 흰색의 앙금이 발견되어 품질을 손상시키므로 이에 대한 철저한 살균이 요구된다.

## 4. 맥 주

맥주는 발효공법에 따라 상면발효(top fermentation)와 하면발효(bottom fermentation)으로 나누어지며, 전자는 5~10℃에서 발효하고 밝은 색으로 Larger beer라고 하며, 주로 유럽 특히 독일에서 많이 제조된다. 후자는 10~20℃에서 행하며, 색이 어둡고 미국이나 영국에서 주로 생산된다. 제조공정은 다음과 같다.

### 4.1 제맥(malting)

주 원료인 보리는 2조맥이나 육조맥을 사용하며, 제맥 공정은 다음과 같다.

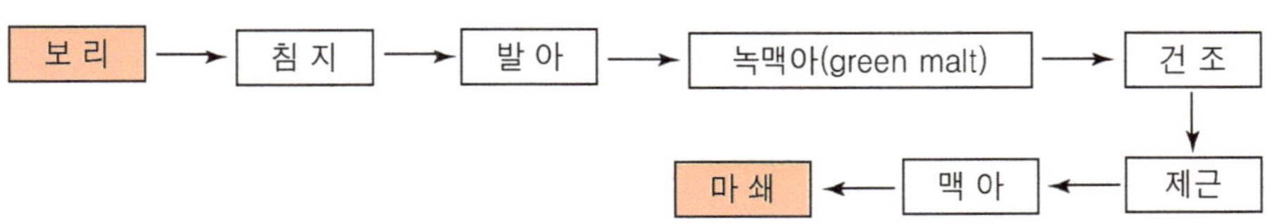


발아 중에 보리 내에 성장호르몬인 지베렐린의 자극에 의해 아밀레이스 및 프로테이스 생산이 촉진된다.

### 4.2 담금(mashing)

담금은 당화하는 공정으로서 맥아 이외에 당도 조절, 단백질과 탄닌의 함량 저하, 맥즙(wort)의 색 조절 등의 목적으로 첨가물(adjuncts)을 추가하기도 한다. 담금의 공정은 그림 10-3과 같다.

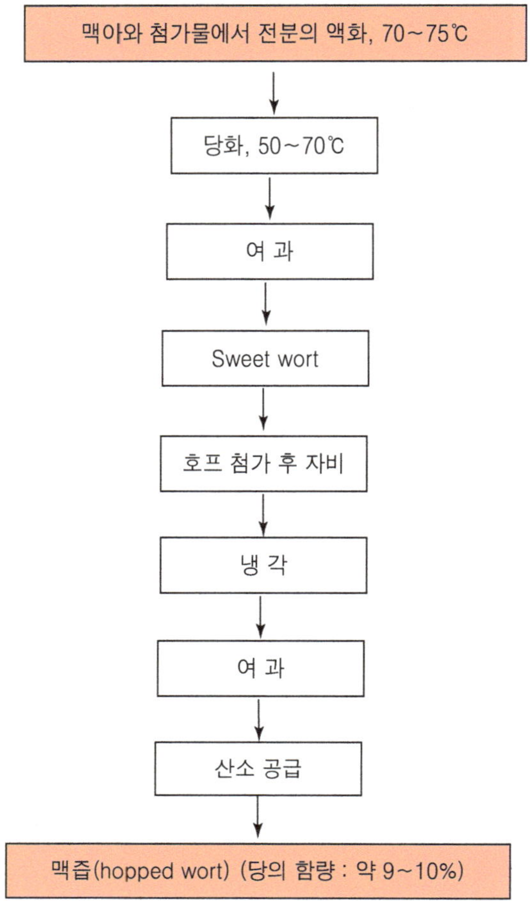


그림 10-3. 담금 공정

첨가되는 호프(*Humulus lupulus* L.)는 암꽃에서 추출된 수지(resin)를 사용하며(그림 10-4), 수지에는 humulone, cohumulone, adhumulone으로 이루어진 $\alpha$-acid와 lupulone, colupulone, adlupulone로 이루어진 $\beta$-acid가 있다.

호프의 기능으로는 항균효과, 맥주의 거품 유지, 이뇨작용, 쓴맛 부여 등이 있다. 이때 자비(boiling)는 매우 중요한 것으로 그 목적으로는 당도 조절, 단백질과 호프의 열 응고, 호프 내 유효 성분 추출, 효소의 불활성화, 살균, 휘발성 성분 제거, 갈변화 반응 유도 등이 있다.

### 4.3 발 효

전발효(primary fermentation)에서 효모는 상면발효에서는 *Saccharomyces cerevisiae*, 하면발효에서는 *Saccharomyces uvarum*이 사용되어진다.

그림 10-4. 호 프

발효온도는 상면발효에서는 10~15℃에서 3일, 하면발효에서는 5~10℃에서 10일로 각각 발효하며, 발효 중 4일 정도에 최대의 거품이 형성되며 점차 거품이 줄어든다. pH는 초기 5.2~5.8에서 3.8~4.5로 감소된다. 후발효는 숙성단계(lagering, post-fermentation)로 0℃에 저장되며, 이 기간에 향의 숙성, 잔여 효모의 침전, 잔여 탄수화물의 발효에 의한 $CO_2$ 포화 등이 나타난다.

### 4.4 청징(clarification) 및 살균

숙성된 맥주는 저온에서 혼탁이 야기되며, 이를 chill hazing이라고 한다. 원심분리를 통하여 분리 후 papain, pepsin, ficin, 또는 bromelain과 같은 protease 처리나 bentonite 또는 silica gel과 같은 흡착제로 처리 여과하여 혼탁 요인인 단백질 및 탄닌 성분을 제거한다. 병입 후 60℃에서 20분 간 살균하거나 0.45 ㎛ 막여과(membrane filtration)로 균을 제거하기도 한다.

## 5. 포도주

포도주는 대표적인 단발효주로서 포도를 마쇄 후 효모에 의해 알코올이 만들어진다. 이때 포도 품종은 *Vitis vinifera, V. labrusca, V. rotundifolia* 등이 있고, 효모로는 *Saccharomyces cerevisiae* var. *ellipsoideus* 등이 있다.

오염균으로 *Pichia, Candida, Torulopsis, Hansenula, Acetobacter aceti, Acetobacter mesoxydans* 등이 발견되어진다. 특히 오염균의 하나인 *Botrytis cinerea*(noble mold)인 경우 포도를 건조시켜 당의 함량을 높이고, 향을 좋게 하여 인위적으로 사용하기도 한다. 제조 공정은 그림 10-5와 같다.

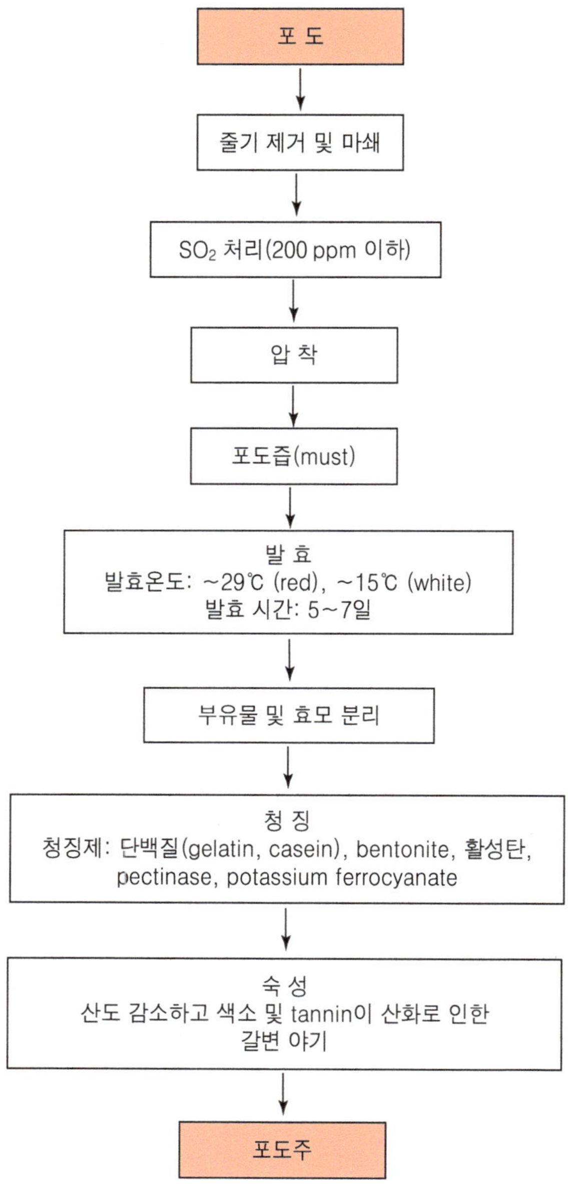


그림 10-5. 포도주의 제조

발효는 1차 및 2차로 나뉘어지며, 당분이 알코올로 변화하는 1차 발효가 끝나면 다음 단계로 와인의 품질에 중요한 영향을 미치는 느린 발효이고, 2차 발효인 유산발효/말로락트발효(malolactic fermentation)가 일어난다. 유산발효는 알콜발효가 끝난 직후에 하는 것이 와인의 안정성에 좋은데, 자연발생적으로 발효를 유도하기도 하고, 인위적으로 균을 접종하여 발효를 유도하기도 한다.

유산균이 사과산을 젖산으로 바꾸는 과정으로 와인의 산도가 약해지기 때문에 감산발효라고도 하는데, 산이 줄어들면서 와인의 맛이 부드러워지고 부드러운 탄닌 감과 풍부한 풍미를 갖추게 된다. 그러나 일부 와인 제품에서는 특성에 따라 유산발효를 생략하기도 한다.

## 6. 증류주

증류주(Spirit)는 알코올 발효액을 증류하여 알코올 응축액을 희석하여 제조한 술이다. 역사적으로는 처음 페르시아에서 시작되어 유럽으로 전파되어 다양한 위스키와 브랜디로 발달하였다.

### 6.1 소 주

우리나라에서는 고려시대 원나라로부터 증류 기술이 도입되어 아락주로 불리우게 되었다. 소주의 종류로는 쌀, 보리, 밀 등을 발효한 술덧을 단식 증류하여 얻는 재래식 소주와 보리, 타피오카, 절간 고구마 등을 발효한 액을 연속식으로 증류하여 얻은 95% 농도의 주정을 적당히 희석하고 활성탄 등으로 탈취 정제한 후 여러 가지 첨가물을 브랜딩하여 만든 희석식 소주가 있다.

현재 시판되는 것은 주로 희석식 소주로서 발효에 당화에 사용하는 것은 *Aspergillus usami, Aspergillus awamori, Aspergillus kawachii* 등이 있고, 첨가물로는 감미료(설탕, 올리고당, 스테비오사이드, 아스파탐 등)와 조미료(아미노산, 구연산 등)를 사용한다.

### 6.2 위스키

위스키는 유럽에서 발달된 것으로, 나라마다 원료가 다소 차이는 있으나 주로 맥아를 사용한다. 발효는 20~22℃에서 30시간 행하며, 이때 알코올 농도는 7~8% 정도이고, 발효 후 증류기로 단식 증류를 2회 이상하여 약 65%의 알코올을 얻는다. 이를 3년 이상 오크(oak)통에 저장하여 숙성시켜 향과 맛을 순하게 한다. 숙성 후 물 등으로 40~43%의 알코올 농도로 희석하여 제품화한다.

### 6.3 브랜디

위스키와 유사하나 발효시키는 원료가 포도 또는 다른 과실이라는 점이 다르다. 알코올 농도가 8.0~8.5%인 술덧을 단식으로 2차 증류하여 70~72%로 알코올 농도의 주정을 limousin oak 통에 5년 이상 숙성하고, 이를 물로 40~45% 알코올 농도로 희석하여 제품화한다.

# 제 11 장

# 식 초

식초 발효는 알코올 발효와 초산 발효로 이루어진다. 제품의 초산의 농도는 약 3~4% 정도이고, 총 산도는 4.5~5.5%이다. 대부분은 발효를 통한 양조식초이고, 공업용으로는 acetylene을 통하여 화학적으로 합성된 공업용 초산도 있다.

종류로는 원료에 따라 나누며, 포도식초(wine vinegar)는 포도주를 주원료로 하고, 정치발효법 및 유가식(fed-batch)으로 발효한다. 발효 후 단백질과 다른 콜로이드 상의 물질을 여과 제거한 후 살균하여 제품화한다. 최종 제품에는 산도가 5~7%이며, 적포도주로 하였을 경우 약간의 떫은 맛과 쓴 맛이 있다. 작은 규모로 생산되며, 발효 기간이 길다는 단점이 있다. 사과 식초는 높은 당을 함유하는 사과를 이용하여 발효하며, 합성 식초는 통하여 초산 3~5%로 하고, 설탕 및 조미료와 다른 유기산을 혼합하여 제조되기도 한다.

## 1. 균 주

양조 식초에 사용하는 균주로는 *Acetobacter* 속이며 *A. aceti, A. acetosus, A. suboxydans, A. oxydans* 등이 있다. 호기성의 그람 음성균이다. 포자를 형성하지 않으며, 간균으로서 최적 생육조건은 30℃, pH 3.5~6.5이다.

## 2. 발효 기작

식초 제조는 그림 11-1과 같이 에탄올로부터 acetaldehyde로 가는 단계와 acetaldehyde로부터 초산으로 가는 경로로 나뉘어지며, 각각 반응에서 alcohol dehydrogenase와 aldehyde dehydrogenase가 필요하다.

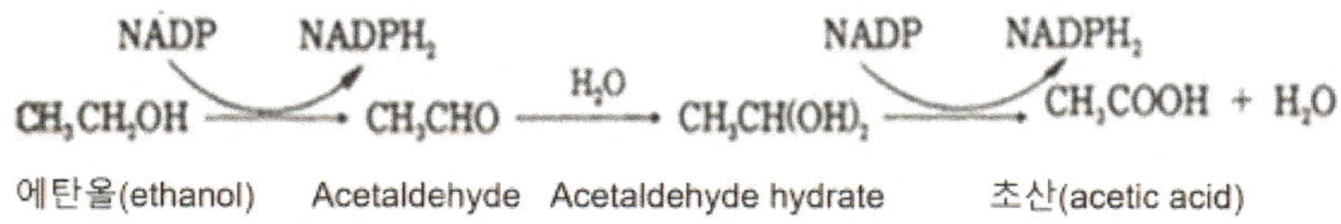


그림 11-1. 초산 발효 기작

이론적으로 1 g의 에탄올로부터 1.304 g의 초산이 만들어지지만, 일반적으로 수율이 80%로서 약 1 g의 초산이 생산된다.

## 3. 제조 과정

발효 중 오염을 방지하기 위하여 발효 배양액을 1% 이상의 산도와 15% 이하의 에탄올 농도로 조절되어진다. 발효법은 다음과 같다.

### 3.1 정치발효

재래식 방법으로서 소규모 제조에 사용한다. 발효액의 에탄올 농도는 5~8%, 산도는 2% 이상으로 조절하여 발효한다. 시간은 36~38℃에서 1~3개월 정도 행하며, 숙성은 5~10℃에서 교반하면서 2~3개월 숙성 저장하여 여과한다.

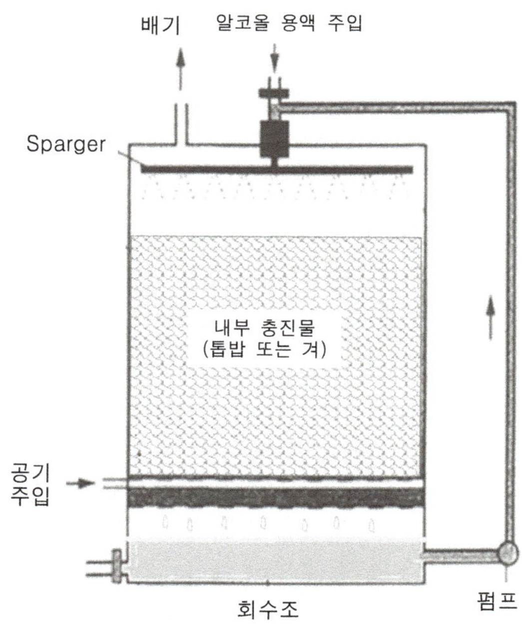


그림 11-2. 식초의 속성 발효

## 3.2 속성발효

발효조(generator)에 그림 11-2와 같이 밤나무 톱밥을 채우고 발효액의 에탄올 농도는 10%, 산도는 1%로 조절한 다음 산도가 10% 정도 될 때까지 8~10일 동안 발효한다.

## 3.3 심부발효

배양액의 에탄올 농도 5%, 산도는 7% 정도로 하고, 30℃에서 2일 동안 발효하되 산도가 11~12% 되게 한다. 이 방법은 여과가 어려워 벤토나이트(bentonite)와 같은 여과보조제가 필요하다.

# 제 12 장

# 아미노산 발효

## 1. 글루탐산

글루탐산(glutamic acid)는 일반적으로 전체 단백질의 약 5~20%를 차지하는 아미노산으로서 조미제로서는 1908년 일본 이케다(Ikeda)에 의해 다시마로부터 분리되었다. 1969년 기노쉬타(Kinoshita)에 의해 *Corynebacterium glutamicum* 변이주로부터 효율적인 생산이 이루어진 이래 현재까지 조미료로서 널리 사용되고 있다.

### 1.1 균 주

*Corynebacterium glutamicum*(또는 *Micrococcus glutamicum*), *Brevibacterium lactofermenticum*이 있으며, 호기성의 그람 양성균이다, 운동성이 없고 포자도 형성하지 않는다. 사용 균주는 $\alpha$-ketoglutarate의 amination을 통한 강한 환원력이 있어야 한다.

### 1.2 기작 및 발효 조건

균의 세포 내 TCA cycle의 중간 대사물질인 isoicitrate는 isocitrate dehydrogenase에 의하여 다음과 같은 반응이 일어난다.

$$\text{Isocitrate} + NAD^+ \longrightarrow \alpha\text{-ketoglutarate} + CO_2 + NADH$$

이때 $\alpha$-ketoglutarate의 succinate로의 산화작용 활성은 낮아야 한다. 생성된 glutamate dehydrogenase에 의하여 다음 단계의 대사를 통해 글루탐산이 생성된다.

$$\alpha\text{-Ketoglutarate} + NH_4^+ + NADH + H^+ \longrightarrow \text{Glutamic acid} + NAD^+ + H_2O$$

영양배지로는 탄소원으로 포도당, 과당, 설탕, 당밀(molasses), 전분 등이 사용되며, 약 10%의 농도로 첨가된다. 질소원으로는 $(NH_4)_2SO_4$, $NH_4Cl$, $NH_4NO_3$, 또는 암모니아 등이 사용되고, 금속이온으로는 생산 수율을 증가시키기 위하여 $Mn^{2+}$ 또는 $K^+$이 사용되고 세포의 성장을 촉진시키기 위하여 $Fe^{2+}$이 사용되어진다.

성장인자로는 세포의 투과성에 영향을 주는 biotin을 제한적으로 첨가하는데, 너무 낮을 경우 세포가 성장하지 않고 생산성도 떨어지며, 너무 높을 경우 세포의 성장은 촉진되나 생산성은 떨어진다. 적정 농도는 약 2~5 $\mu$g/L로 첨가되고, 이 외에 글루탐산의 추출 수율을 증대시키기 위하여 세포벽의 합성 저해제인 penicillin과 계면활성제인 Tween 60을 사용한다.

발효조건은 호기적 조건에서 30~35℃에서 3~4일 동안 진행되며, 발효 후 글루탐산의 등전점인 pH 3.2로 조절한 다음 침전물 회수 후 이온교환 크로마토그래피(ion exchange chromatography) 및 활성탄을 이용하여 분리 정제한 다음 결정화한다.

## 2. 라이신

라이신(lysine)은 영양학적으로 중요한 필수 아미노산이며 제한 아미노산이다. 산업적으로 1958년 일본 아지노모도 사에서 처음으로 산업화 되었으며, 현재까지 사료나 의약용으로 생산되고 있다.

### 2.1 균 주

라이신의 생산 균주는 *Corynebacterium glutamicum*, *Brevibacterium flavum* 등이 사용되며, 생산 수율을 높이기 위하여 변이주를 개발 사용하고 있다.

### 2.2 기 작

세포 내 라이신의 생산 경로는 그림 12-1과 같다. 즉, TCA cycle에서 oxaloacetate는 glutamate와 반응하여 aspartate와 $\alpha$-ketoglutarate는 aspartate-$\beta$-semialdehyde로 전환되고, diaminopimelate를 거쳐 라이신이 합성된다.

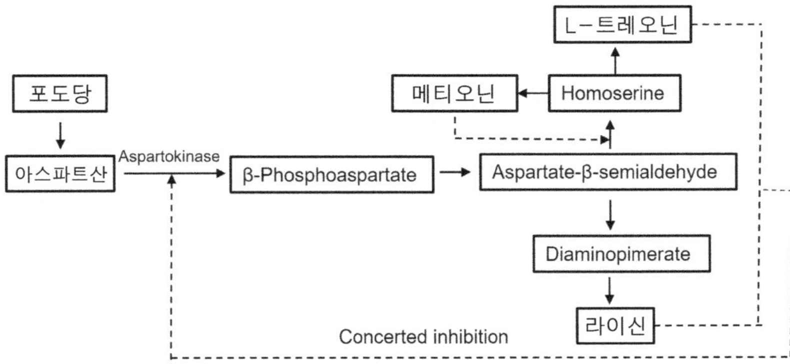


그림 12-1. 라이신 생산 경로

이 과정은 생산물에 의하여 저해 받는 concerted feedback inhibition 경로이며, 생산량에 제한을 받는다. 따라서 몇 가지 방법으로 효율적인 발효 생산법이 개발되었다.

즉, (1) 생합성 aspartate에서 diaminopimelate까지 $Lys^-$ 변이주를 사용하여 만들고, *Aerobacter aerogenes* 통하여 diaminopimelate에서 라이신까지 생산하는 방법

(2) 효소적인 방법으로 cyclohexane으로부터 DL-aminocaproic lactam을 합성하고 *Achromobacter obae*에 의해 생산된 racemase에 의해 L-α-amino caprolactam로 전환하고 *Cryptococcus laurentii*가 생산하는 lactamase에 의해 라이신을 생산하는 방법

(3) 변이주를 이용하여 homoserine + Met 또는 homoserine + Thr 요구성 변이주와 같이 일부 대사경로를 차단하여 feedback inhibition의 효과를 없애는 방법

(4) 세포융합을 통하여 각 변이주의 장점만을 이용하는 방법 등이다. 산업적인 배양액에서는 탄소원으로 폐당밀, 질소원으로 $(NH_4)_2SO_4$이 사용되며, 성장인자로 biotin이 사용된다.

# 제 13 장

# 장류 발효

## 1. 간 장

콩을 주원료로 하여 밀, 쌀 등의 곡류를 증자시켜서 koji균에 의한 단백질(구수한 맛)과 탄수화물(단맛)의 효소가수 분해물에 소금(짠맛)을 넣어 발효, 숙성시켜 얻어진 액체 조미료로서 우리나라는 삼국시대 이후, 일본은 228년 송나라로부터 유래한 것으로 알려져 있다.

### 1.1 원 료

주요 원료는 콩이며 단백질 함량이 42~43% 정도의 탈지대두이다. 콩에서 유래된 유기산 및 각종 아미노산 생산으로 짠맛을 완화시켜 준다. 특히 글루탐산 및 함황아미노산 등은 향미에 관여하기도 한다. 소금은 $CaSO_4$ 및 $MgCl_2$의 합계가 총 소금의 1% 미만인 용수를 사용하며, 특히 철(Fe)은 간장 색에 나쁜 영향을 주기 때문에 적은 것이 좋다.

국균은 protease, cellulase, pectinase, lipase, phosphatase 등을 생산하는 균주로서 *Aspergillus oryzae*, *Aspergillus sojae* 등을 사용하며, 특히 *A. oryzae*는 진한 맛을 내고, protease 활성이 높을 뿐만 아니라 탄수화물이 비교적 큰 특징이 있다. 밀기울, 밀 등을 증자 살균하여 국균을 접종하고 3~4일 간 배양한 후 건조 후 저온에서 보존하여 종국을 만든다. 종국은 국상자법이나 자동기계 제국법으로 국(koji)을 만들어 본 발효에 사용한다.

### 1.2 제조 과정

양조간장의 제조 과정은 그림 13-1과 같다.

발효 과정인 담금은 koji : 물 : 소금의 비율을 진간장인 경우 1 : 4 : 1로, 보통 양조간장인 경우 1 : 7 : 1.8 비율로 한다. 초기에는 입국이 상부에 부상하는 이때 효소의 용출이 용이하고 공기를 공급하며, 온도를 균일하게 하기 위하여 교반한다.

담금 과정에서 전분 및 단백질이 가수분해되며, 여러 가지 균주에 의하여 발효가 진행된다. 즉, *Pediococcus halophilus* 등에 의하여 pH가 저하되고, *Saccharomyces rouxii* 증식으로 알코올, ester 및 고급 알코올이 생성하여 향미에 관여한다. 또한 간장덧에 *Bacillus subtilis, Bacillus soya, Pediococcus sojae*(젖산세균)이 서식하기도 하며, 이때 품온이 28℃까지 상승한다. *Torulopsis*는 후숙 효모로서 생육을 시작하며, 4-ethylguaiacol 및 4-ethylphenol을 생산하여 간장 맛에 기여한다.

담금 후 압착하여 생간장과 박을 분리한 다음 살균(달임)한다. 살균은 plate heat exchanger을 이용한 HTST 살균법으로 하며, 침전물 여과 후 제품화한다. 이때 갈변화로 간장의 색도는 짙어지고, 살균 중 보존료인 *p*-hydroxybenzoic acid ester류, 안식향산 등을 첨가한다.

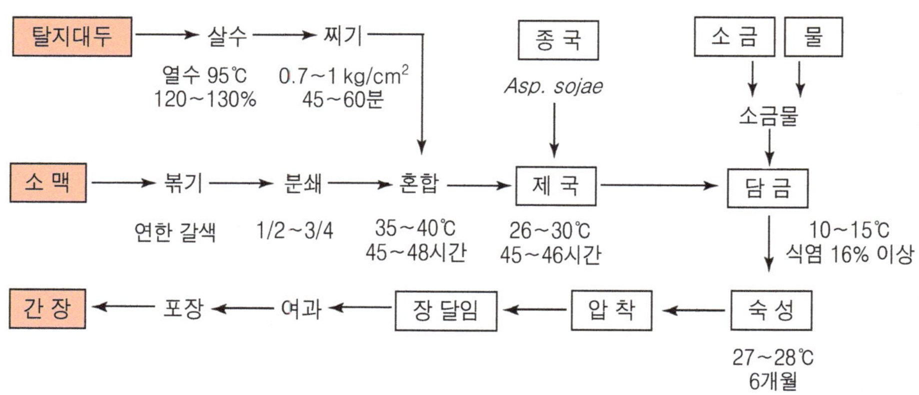


그림 13-1. 양조간장의 제조 과정

## 1.3 품 질

맛의 요소로서 질소 성분이 매우 중요하며, 이 외에도 당류, 젖산발효가 매우 중요하다. 제품으로서는 쓴 맛이나 떫은 맛은 없어야 한다. 향미로는 갈변에 의한 풍미, 카보닐 화합물, 페놀류의 존재가 중요하다. 또한 간장은 아미노산 및 인산에 의하여 pH에 대한 완충능이 우수하다.

제품 종류에 따라 소금 및 아미노태 질소함량이 다르며, 그 함량은 각각 재래 간장은 26.3%, 0.54%, 양조간장은 18.1%, 0.91%, 아미노산 간장은 16.4% 0.87%이다. 여기서 아미노산 간장은 화학적으로 제조하며, 6% HCl로 15시간 끓여 산분해시킨 후 NaOH로 중화하여 제조된다.

## 2. 된 장

### 2.1 원 료

주원료인 콩은 침지 후 가압 증자 후 사용한다. 부원료로서 5~10% 도정된 현미, 10~30% 도정된 밀, 쌀보리 등이 사용된다.

제국에 있어서 종국으로는 *A. oryzae*을 사용하며 밀기울, 좁쌀, 쌀 등을 40~48시간 배양한다. 이때 25℃ 전후에서 중성 또는 약 악칼리에서 protease가 왕성하며, 35~40℃에서 아밀레이스 활성이 왕성하게 된다.

### 2.2 제조 과정

제조 과정은 그림 13-2에 나타내었다. 발효(담금) 과정에서 주 원료인 콩이 너무 많으면 상대적으로 koji 양이 적어지므로 효소 작용이 약하고, 숙성이 늦으며, 갈색화 현상이 크다. 콩을 증자 냉각한 후 koji를 가하고 소금물을 가하면서 마쇄하여 담금에 사용한다.

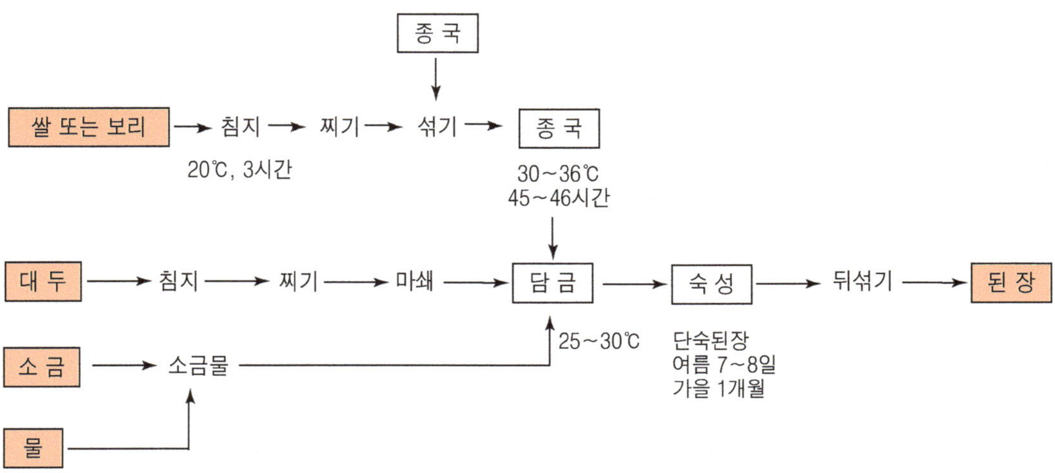


그림 13-2. 양조된장의 제조 과정

담금 중 상부의 수분 증발 및 오염 방지를 위해 소금을 뿌리고, 뚜껑을 닫은 후 누름돌을 얹는다. 초반 20일 간은 protease, 아밀레이스, lipase에 의해 가수분해가 진행된다. 이때 지방산은 에탄올과 반응하여 ethyl ester 생성 향미에 관여하고, 당류와 아미노산은 갈변을 일으킨다.

숙성 중에는 효모는 *Saccharomyces rouxii, Torulopsis versatilis*(후숙효모), *Debaryomyces*와 *Hansenula*(산막효모) 등이 서식하며, 세균으로는 *Bacillus mesentericus, Bacillus subtilis, Pediococcus halophilus, Streptococcus faecalis* 등이 발견되어진다. 숙성 후 세밀하게 마쇄하며, 이때 식염 및 소르브산 등의 보존료를 첨가하고 60℃에서 가열 살균하여 상품화한다.

### 2.3 품 질

된장의 성분에서 전분으로 가수분해 되어 생성된 당분은 단맛에 기여하고, 이를 이용하여 더욱 진행된 유기산 발효 및 효모에 의한 알코올 발효 및 ester 방향물질은 향미에 관여한다. 또한 단백질의 분해 작용에 의한 아미노산에 의하여 구수한 맛과 맛의 증진 효과를 가지며, 소금에 의하여 짠맛도 느낄 수 있다.

이러한 맛이 숙성과정 중에 잘 조화가 이루어진다. 최종 제품으로서 된장에는 일반적으로 수분 48~51%, 당분 12~16%, 조단백 11~12%, 조지방 3.5%, 식염 10~11%를 함유하고 있다.

## 3. 고추장

고추는 임진왜란 이후 일본에서 왔으며, 이를 이용하여 국과 전분을 혼합 가공된 장류이다. 즉, 쌀 또는 밀의 전분이 가수분해 되어 생성된 단맛과 메주콩 단백질의 가수분해로 생산된 아미노산의 구수한 맛, 고춧가루 중의 캡사이신(capsaicin)에 의한 매운 맛, 그리고 소금의 짠맛이 조화된 국내 전통 조미료이다. 사용된 전분에 따라 쌀고추장, 보리고추장, 밀고추장 등이 있다.

### 3.1 원 료

쌀 또는 찹쌀은 침지 후 분쇄하고, 국은 간장 koji를 사용한다. 이때 균주로는 *A. oryzae* 사용하며, 40~42시간 대두에서 배양한다.

### 3.2 제조 과정

고추장의 제조과정은 그림 13-3에 나타내었다. 물은 쌀가루의 2~3배, 보리쌀 및 밀가루의 3~4배 정도 혼합하며, 교반하면서 가열한다. 75℃ 정도까지 냉각 후 koji를 첨가 혼합 교반하면서 60℃에서 단백질 가수분해 및 당화가 진행된다. 고춧가루 및 소금은 전분질 원료의 20~30%로 첨가하고 25℃에서 1개월 이상 숙성시킨다.

첨가물로서 여러 가지 당화물, sodium glutamate, 고춧가루, 보존료(sorbic acid), 물 등을 첨가한 후 살균 냉각시켜 제품화 한다. 최종 제품에는 수분 40~48%, 조단백 6.0~9.0%, 조지방 2.8~3.8%, 당질 30~34%, 소금 12~13%가 함유되어 있다.

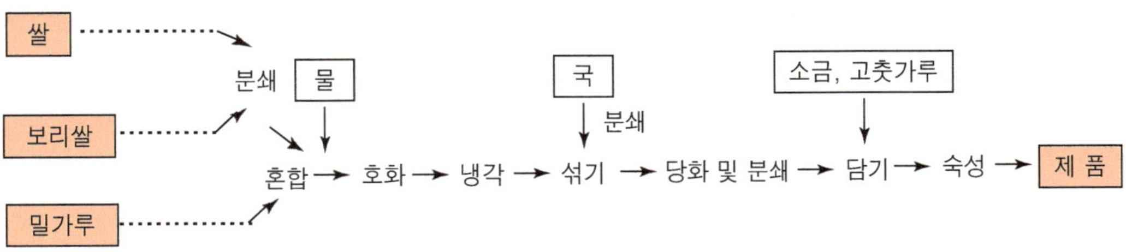


그림 13-3. 고추장의 제조 과정

## 4. 청국장

찐 콩에 납두균(*Bacillus natto*)으로 단시간 발효시켜 납두(natto)를 만들고 소금, 마늘, 고춧가루를 넣어 특수한 풍미를 가지는 발효식품이다. 단기숙성으로서 재래식은 37~40℃에서 30~35시간, 개량식은 35~40℃에서 72시간 발효시킨 후 마쇄하고 6%의 NaCl를 혼합한 다음 18일 동안 숙성하여 제조한다(그림 13-4).

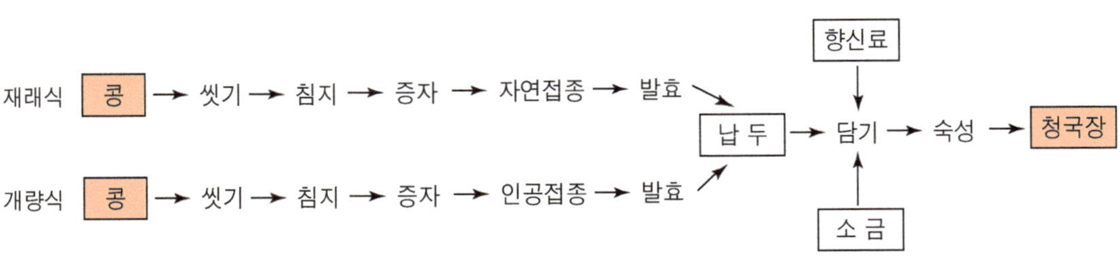


그림 13-4. 청국장의 제조 과정

청국장의 기능성은 polyglutamic acid에 의한 항암효과, 보습효과가 있으며, nattokinase에 의한 항혈전 효과, 항균효과 등을 들 수 있다.

## 5. 발효 비건식품: 템페

비건(vegan)이란 일체의 동물성 식품과 제품을 사용하지 않는 채식주의자를 말한다. 종교적 신념, 환경보호, 영양상의 문제, 도덕률 등의 이유로 소나 돼지와 같은 육류, 가금류와 등의 식품, 우유와 달걀 같은 낙농 제품뿐 아니라 해산물 등 일체의 동물성 제품을 섭취하지 않거나, 동물 학대에 반대하여 동물성 제품을 사용하지 않는 사람을 포함한다. 낙농제품을 섭취하는 베지테리언(vegetarian)과 구분된다. 최근에 비건 식품의 소비가 증가하고 있으며, 이에 대한 발효 식품이 다양하게 나오고 있다.

대표적인 발효 비건식품으로는 템페(자와어: témpé)를 들 수 있다. 템페는 인도네시아의 발효 식품으로서 인도네시아의 청국장, 낫토로 불리며 400년 이상 전통을 이어 온 전통식품으로서 자바에서 특히 인기가 높다. 템페는 식용 용도로 보아 장류에 속하는 것은 아니지만 원료 및 제조법이 다소 유사하여 여기서 간단히 소개한다.

제조하는 방법은 대두를 물에 충분히 불려 껍질을 벗긴 후 1시간 정도 찌고 식초를 첨가한 후 히비스커스 잎이나 바나나 잎에 존재하는 템페균으로 발효시킨 후 숙성시킨다. 템페균은 *Rhizopus* spp. 균이며, 산업적으로는 그 종균을 사용하여 제조한다. 템페는 단백질 함량이 매우 높으며, 식이섬유와 비타민이 풍부한 것이 특징이다. 겉모습은 두부와 비슷하나 영양적 특성과 질감은 어묵같이 단단하여 두부와는 매우 다르다. 맛은 견과류나 버섯과 비슷한 편이다.

# 제 14 장

# 김치 발효

김치는 야채나 채소 등을 젖산 발효한 음식으로서 오래 전부터 우리나라에서 즐겨 먹던 고유 전통 음식 중의 하나로, 이름도 역사적으로 볼 때 1600년경에 침채(沈菜)로 불리워지다가 팀채, 딤채, 김채로 바뀌어졌고, 현재 김치로 불리워지고 있다. 종류도 매우 다양하여 120여 종에 이르며 깍두기, 동치미, 장아찌류를 포함하면 약 200여 종에 이른다. 가정이나 업소에서 소규모로 생산되었으나 최초 산업적 생산은 최초로 월남 파병 군용 김치 통조림이 생산되었고, 현재 식생활 변화로 인한 가정식의 편리화로 대량 생산이 급격히 증가하였다.

## 1. 제조 과정

예로서 일반적인 포기김치의 제조 과정은 그림 14-1에 나타내었다.

양념으로는 지방이나 제조처에 따라 매우 다양하며, 일반적으로는 고춧가루, 무, 파, 마늘, 쑥갓, 전분, 설탕 등의 감미료, 소금이나 젓갈 등이 사용되어진다.

## 2. 김치의 숙성(발효)

숙성은 혐기적인 조건으로 저장해야 하며, 숙성기간 중에 여러 가지 미생물 특히 유산균에 의하여 발효가 일어난다. 숙성은 표 14-1에 나타낸 바와 같이 첨가된 소금의 농도 및 저장 온도에 따라 숙성기간이 다르며, 염 농도가 높고 저장 온도가 낮을수록 숙성기간이 길어진다.

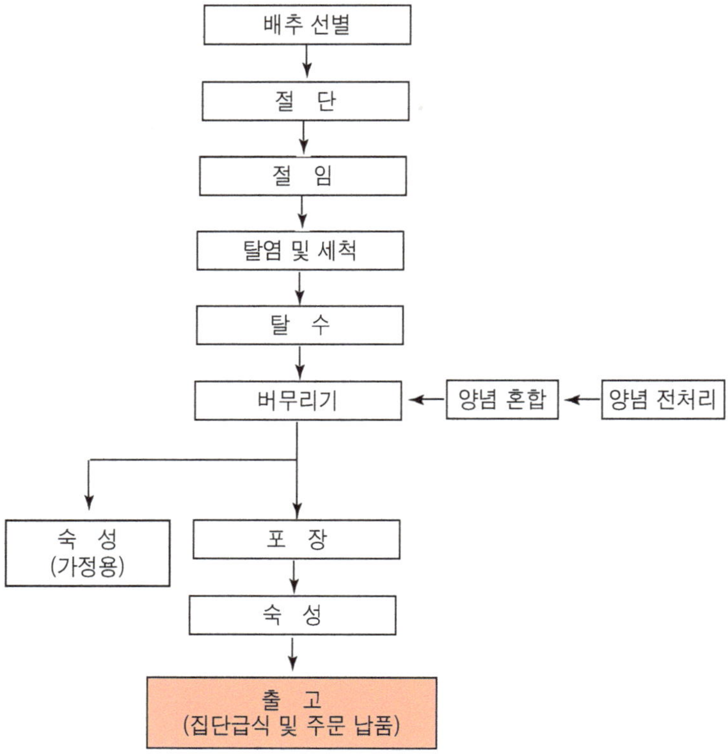


그림 14-1. 김치의 제조 과정

표 14-1. 소금의 농도에 따르는 포기김치의 숙성기간(일)

| 저장 온도 (℃) | 소금의 농도(%) | | | |
|---|---|---|---|---|
| | 2.0 | 3.5 | 5.0 | 7.0 |
| 5 | 35～180 | 55～180 | 90～180 | - |
| 15 | 5～10 | 5～12 | 10～18 | 31～22 |
| 20 | 2～3 | 2～3 | 3～5 | 31～42 |
| 30 | 1～2 | 1～2 | 2 | 3 |

숙성 중에는 미생물의 변화가 일어나며, 혐기적인 조건에서 *Lactiplantibacillus plantarum, Levilactobacillus brevis, Pediococcus cerevisiae, Leuconostoc mensenteroides, Streptococcus faecalis* 등이 발견되어지지만 일부 호기적인 균으로서 *Pseudomonas, Bacillus, Flavobacterium, Achromobacter* 등도 발견되어진다. 효모로는 *Torulopsis, Candida, Hansenula, Debaryomyces, Pichia, Rhodotorula* 등이 발견되어지는데 알코올, 비타민, volatile compounds 등의 생성으로 김치 향미를 부여하기도 한다.

초기에는 *Leuconostoc mensenteroides*에 의해 hetero-fermentation이 일어나 젖산, 초산, 에탄올, $CO_2$ 등이 생산되며, 특히 $CO_2$는 혐기적 조건을 부여한다. 이때 *Streptococcus* 속 및 *Pediococcus* 속도 번식한다. *L. plantarum*은 homo-fermentation으로 주로 젖산을 생산하며, 말기까지 꾸준히 성장하면서 강한 신맛을 부여한다.

숙성 중에는 미생물로부터 생산되는 효소에 의하여 물성 변화가 일어난다. 즉, pectin esterase에 의해 pectin은 알코올과 pectic acid가 생산되며 $Ca^{2+}$와 가교로 조직 경화를 야기시킬 수 있다. 또한 polygalacturonidase에 의하여 pectin 붕괴로 조직이 연화되기도 한다.

숙성 기간을 증가시키기 위하여 중에 오염균에 의한 변질을 막아야 하며, 방법으로는 0～5℃의 저온 저장과 Na-benzoate(0.04%), sorbic acid(0.1%), *p*-oxybutyl benzoate(0.01%), Na-dehydroacetic acid(0.01%) 등의 방부제 사용 등이 있을 수 있다.

숙성 중의 김치 내의 성분 변화가 일어나며, 산도와 pH 변화가 있다. 즉, 당류로부터 젖산, 초산, succinic acid, malic acid 등이 생성되는데 초산, 시트르산, malic acid, oxalic acid는 초기에 증가 후 감소하고, 젖산, 글루탐산은 계속적으로 증가된다. 또한 소금의 농도가 높을 경우 젖산, succinic acid의 생성은 적고, 시트르산이 높아진다. 온도 및 식염 농도에 따라서도 산도가 변화하며, 식염 농도가 높을수록 유기산은 적게 생성되고, 온도가 낮을수록 유기산 생성 시간이 지연된다.

비타민은 숙성기간에 따라 증가하다가 숙성 적기 이후 감소하며 Vit. C, Vit. $B_1$ 및 Vit. $B_2$는 초기 약간 감소 후 증가 추세이지만, 후기에 다시 점차 감소된다. Carotene은 숙성 중 점차 감소하고, 풋내 성분인 *cis*-3-hexen-1-ol은 현저히 감소한다. 아미노산들은 점차 증가하는데 아스파트산(aspartic acid)은 감소한다.

## 3. 김치의 보존

김치는 별도의 살균과정을 거치지 않는 비가열 음식임에도 불구하고 적당한 물리적 환경을 유지하면 오래 보존될 수 있는 음식이다. 이는 김치의 제조 방법 및 원료 등 복합적으로 이루어지며, hurdle effect의 대표적 예라 할 수 있다. 김치의 보존율을 높이는 요소는 다음과 같다.

(1) 유기산: 유기산은 약산으로서 염기성인 $A^-$ 보다 산성인 HA 상태가 보다 미생물의 세포막에 대한 친화도가 높아 세포의 침투가 용이하며, 세포막의 손상 및 대사 효소작용의 억제를 유도하여 항균효과를 나타낸다. 김치의 대표적인 젖산은 정균 작용을 함으로써 보존율을 높인다.

(2) pH: 유기산에 의한 낮은 pH는 미생물의 생육을 억제할 뿐 아니라 여러 가지 부패 관련 효소 활성을 떨어뜨린다.

(3) 소금의 농도: 수분활성도를 낮추고 삼투압을 높임으로써 미생물의 생육을 억제한다.

(4) 향신료: 마늘 및 고추, 파 등에 존재하는 여러 가지 향신료는 정균효과를 갖는 것으로 알려져 있으며, 특히 그람 양성균이나 효모, 곰팡이에 효과적이다.

(5) Diacetyl: 젖산 발효 중에 일어나는 diacetyl은 정균작용이 있는 것으로 널리 알려져 있다.

(6) 박테리오신: 젖산균은 항균작용을 갖는 oligopeptide인 박테리오신(bacteriocin)을 생산하며, 이는 그람 양성균에 효과적인 것으로 알려져 있으며, 세포막의 손상 및 특히 포자의 발아(germination)에 저해를 주는 것으로 알려져 있다.

(7) 혐기적 조건: 숙성 중 발효는 혐기적 조건으로 이루어지며, 호기적인 오염균의 생육이 저하된다. 호기적인 조건은 오염균에 의하여 이취(군내)를 일으킨다.

(8) 저온 숙성: 저온은 물리적으로 세균의 성장 및 번식 속도를 감소시키므로 일반적인 오염균의 증식을 최소화시킬 수 있다.

# 제 15 장

# 핵산 발효

핵산은 1913년 가다랑이로부터 맛의 증진제로서 정제된 이후 1961년 버섯 및 가다랑이로부터 추출하여 산업화되었다. 현재는 발효공법으로 제조되며, 맛의 강화제로서 개발되어 제품화되었다. 특히 monosodium glutamate (MSG)와 함께 사용하면 더욱 맛의 강도를 높이는 시너지 효과(synergistic effect)가 있음이 알려져 있다.

## 1. 향미 강화제로서의 핵산의 조건

기본적인 핵산의 구조는 그림 15-1과 같다.

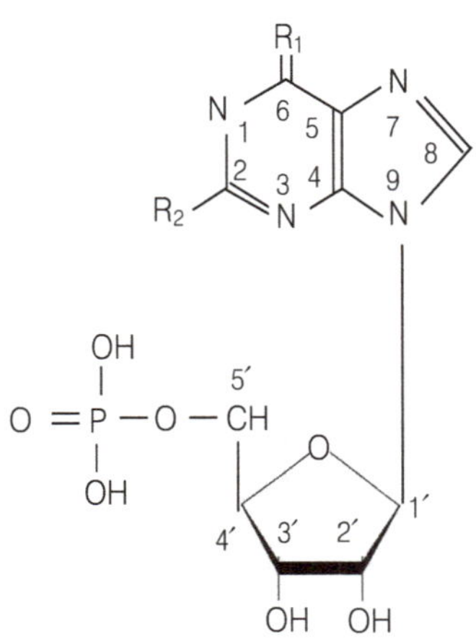


| Nucleotide | $R_1$ | $R_2$ |
|---|---|---|
| 5′ -AMP | $-NH_2$ | -H |
| 5′ -AMP | -OH | $-NH_2$ |
| 5′ -AMP | -OH | -H |
| 5′ -AMP | -OH | -OH |

그림 15-1. 핵산의 기본 구조

맛의 강화 기능은 반드시 monophosphate이어야 하고, 염기는 purine체 이어야 하며, 6번 위치에 OH가 있어야 한다. 또한 ribose에 있어서는 5번 위치에 phosphate가 결합되어야 하고, 이 조건에 맞는 핵산은 5'-inosine monophosphate(IMP) 및 5'-guanosine monophosphate(GMP)이며, 맛의 강도는 GMP > IMP > XMP(xanthosine monophosphate) 순이다.

## 2. 제조 과정

제조 과정은 다음과 같은 방법이 있다.

### 2.1 RNA 가수분해 방법

주원료로서 효모 균체를 사용한다. 폐당밀이나 아황산 펄프액 등을 배양액으로 사용하여 대수 증식기에서 균을 회수하여 RNA를 얻고, 가수분해 후 핵산을 회수한다. RNA 분해효소는 *Penicillium citrinum*이 생산하는 3'-, 5'-phosphodiesterase을 사용하며, 효소대신 화학적인 방법으로는 수산화나트륨을 사용하여 가수분해시켜 얻기도 한다.

### 2.2 발효 및 화학적 합성법

IMP인 경우 *Bacillus subtilis*로부터 inosine을 얻고, 이를 oxychlorophosphate($POCl_3$)에 의해 인산화 하여 얻는다. GMP는 발효법으로 5'-amino-4-imidazole-carboxamide(AICA)-ribonucleotide을 얻고, 이를 인산화 하여 생산된다.

### 2.3 직접 발효법

*Corynebacterium glutamicum, Brevibacterium ammoniagenes* 등의 균주로부터 그림 15-2의 de novo pathway를 통하여 생산하는 방법이다. 또 다른 방법으로는 salvage pathway법으로 얻는 방법이 있으며, 염기인 hypoxanthine, guanine, adenine을 토대로 다음과 같은 효소를 이용하여 얻을 수 있다.

Nucleotide pyrophosphorylase 작용에 의해서

$$\text{Base} + \text{PRPP} \rightleftharpoons \text{5'-nucleotide} + \text{PP}_i \text{ (pyrophosphate)}$$

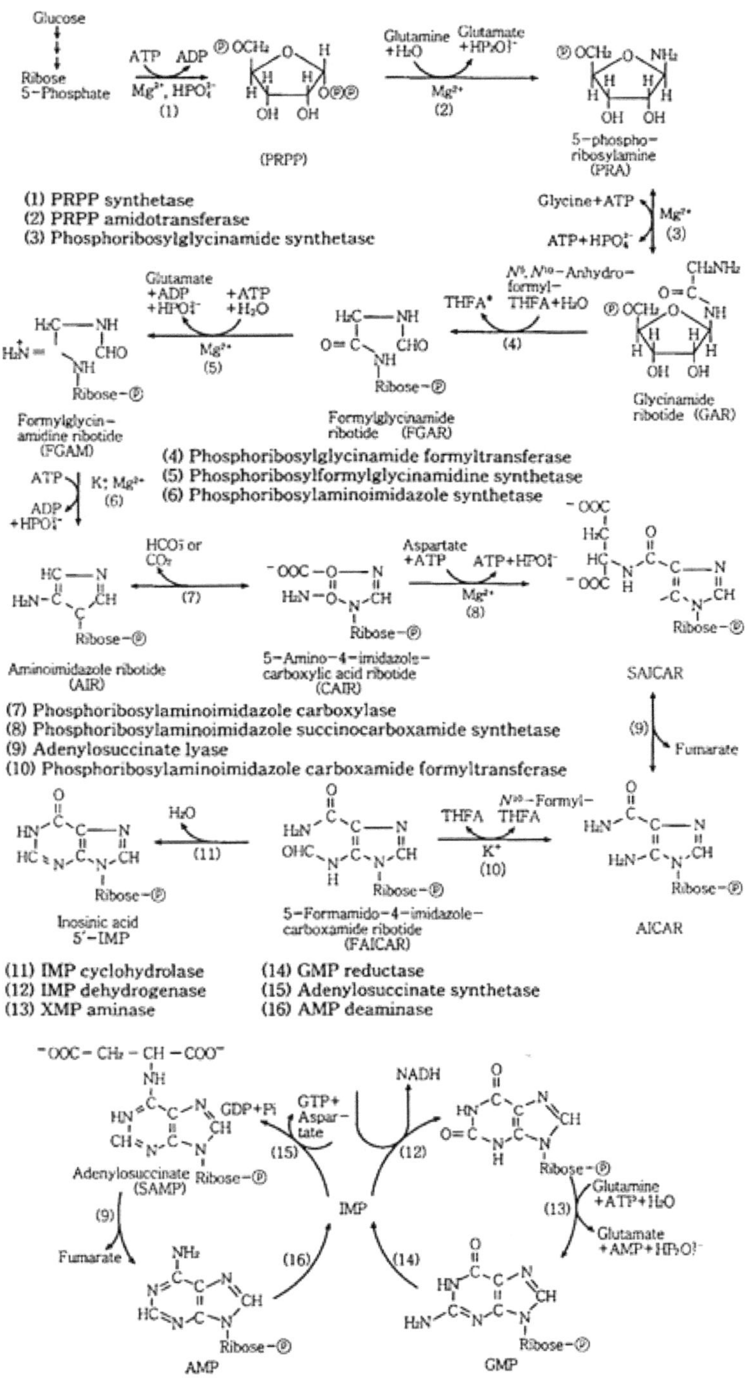


그림 15-2. de novo pathway

(출처: 유주현 외, 2008)

Ribosephosphate pyrophosphokinase 작용에 의해서

$$\text{Ribose-5-phosphate} + \text{ATP} \rightleftharpoons \text{PRPP} + \text{AMP}$$

이때 IMP의 생산에서 $Mn^{2+}$가 요구되며, 이는 원형질막의 변형에 관여하여 핵산의 추출을 용이하게 한다. 그러나 과잉인 경우 균수는 증가하지만 IMP의 생산 수율은 떨어지므로 적정 농도를 10 $\mu$g/L로 조절한다.

# 제 16 장

# 발효 유제품 및 발효 육제품

## 1. 발효 유제품

일반적으로 사용되는 젖산세균은 그람 양성균으로 현재 13군의 종(genus)으로 표 16-1과 같다. 또한 젖산세균은 6탄당인 포도당의 대사의 최종 산물에 따라 크게 정상발효(homo-fermentative) 젖산세균과 이상발효(hetero-fermentative) 젖산세균으로 나누어지는데, 전자는 최종 산물로 젖산 만을 생산하는 균으로 5탄당을 이용할 경우 초산을 생산해 내기도 한다. 후자는 젖산뿐만 아니라 $CO_2$, 에탄올 등을 생산하는 균을 일컫는다.

실제적으로 산업적인 젖산세균 발효에서는 정상발효 젖산세균 보다 향미에 영향을 주는 acetaldehyde, diacetyl과 같은 성분을 만들어 낼 수 있는 이상발효 젖산세균이 더 중요하다고 볼 수 있다. 발효 유제품은 동물의 젖을 주원료로 하여 본 발효를 젖산세균으로 발효시켜 만든 제품으로서 발효유는 크게 발효유와 치즈를 들 수 있다.

### 1.1 요구르트

발효유에서 젖산은 매우 중요한 유기산으로, 당류로부터 혐기적인 조건에서 당화 과정의 최종 산물인 pyruvic acid를 통하여 생성된다. 생산된 젖산으로 인하여 우유의 주요 단백질인 casein의 등전점인 pH 4.6에 이르면 침전이 야기되고 물성의 변화가 생긴다.

발효유에는 요구르트(yoghurt), 발효 버터밀크(cultured butter milk), 케피어(kefir), 쿠미스(kumiss), 스키어(skyr), 태태(taette) 등이 포함된다. 가장 대표적인 것이 요구르트이다. 이는 우유를 주원료로 하여 젖산세균 발효를 한 제품으로, 제품 형태로서 paste 상태의 호상 요구르트와 액상 유제품으로 나눌 수 있다.

표 16-1. 대표적인 젖산세균의 종류 및 대사 최종산물에 따른 분류

| 정상발효 젖산세균 | 이상발효 젖산세균 |
|---|---|
| *Lactobacillus*<br>*L. acetotolerans, L. acidipiscis, L. acidophilus, L. casei, L. delbrueckii, L. heveticus, L. plantarum, L. salivarius* | *Lactobacillus*<br>*L. brevis, L. buchneri, L. cellobiosus, L. fermentum, L. kimchi, L. panis, L. sakei* |
| *Lactococcus*<br>*L. lactis, L. garvieae, L. plantarum, L. raffinolactis* | *Leuconostoc*<br>*L. argentinum, L. citreus, L. fallax, L. kimchii, L. lactis, L. mesenteroides* |
| *Paralactobacillus*<br>*P. selangorensis* | *Carnobacterium*<br>*C. divergens, C. gallinarum, C. mobile, C. piscicola, V. viridans* |
| *Pediococcus*<br>*P. acidilactici, P. claussenii, P. pentosaceus, P. damnosus, P. dextrinicus* | *Oenococcus*<br>*O. oeni* |
| *Streptococcus*<br>*S. bovis, S. salivarius* | *Weissella*<br>*W. cibaria, W. confusa, W. hellenica, W. kimchii, W. minor, W. paramesenteroides, W. viridescens, W. koreensis* |
| *Tetragenococcus*<br>*T. halophilus, T. muriaticus* | |
| *Vagococcus*<br>*V. fluvialis, V. salmoninarum* | |

### 1) 재 료

요구르트를 제조하기 위한 일반적 원료는 다음과 같다.

(1) 우유: 탈지유를 사용하며, 이외에 여러 가지 우유가공 원료를 첨가하기도 한다. 즉, 연유나 농축 우유는 발효유의 풍미를 좋게 하고, 유 고형분 첨가는 발효시간을 단축시키고 조직감도 단단해지며, 산미와 풍미도 우수하게 한다. 전체적으로 유 고형분의 총량은 14~18%가 되는 것이 좋다

(2) 유산균: 과거에는 균주가 다양하지 않아 *Lactobacillus bulgaricus* 만을 사용하였으나 최근에는 산업적으로 *Lactobacillus bulgaricus*와

*Streptococcus thermophilus* 등 각 균주의 장점을 이용하기 위하여 혼합 균주를 이용하여 대량 생산에 사용하고 있다.

(3) 당류: 일반적으로 설탕을 8% 정도로 사용한다. 당류의 첨가는 유산균의 성장 및 발효로 유기산을 생산하게 하고 풍미를 개선한다.

(4) 경화제: 호상 요구르트인 경우 커드(curd)가 부서지거나 저장 중의 유청의 분리를 막아 준다. 커드 형성은 단백질의 응고로 야기되며, 여기에 경화제로서 0.2% 한천 또는 1.0%의 젤라틴을 첨가한다.

(5) 부형제: 천연 과즙이나 과육은 요구르트의 기호성을 증진하기 위하여 첨가한다. 즉, 젖산 발효 냄새를 인지하지 못하게 하거나 과즙의 풍미로 기호성을 넣으며, 무첨가인 경우 플레인 요구르트(plain yoghurt)라고 한다. 첨가되는 부형제로는 딸기, 체리, 복숭아, 살구 등이 있다.

### 2) 제조 방법

(1) 스타터(starter)의 배양: 젖산세균의 종류에 따라 제품의 기호성 및 저장성에 영향을 미친다. 일반적으로 *Lactobacillus bulgaricus*, *Streptococcus thermophilus*, *Lactobacillus acidophilus*, *Lacticaseibacillus casei*, *Bifidobacterium*의 균주들을 단독 또는 혼합하여 사용한다. 스타터는 탈지유에 종균을 접종하고, 35～41℃에서 24～48시간 배양하여 제조한다.

(2) 원료의 균질화 및 살균: 유 성분의 총량을 14～18% 정도로 조절하여 경우에 따라 경화제를 소량 첨가한 것으로 균질화(homogenization)한다. 균질화 된 원료는 95℃에서 5분 간 살균한다. 살균의 효과는 오염균을 사멸시키고, 용존 산소를 제거하여 유산균의 성장을 도와준다. 살균 중에 우유에 존재하는 lactalbumin이나 lactoglobulin의 열 변성으로 물성이 더욱 견고하게 된다.

(3) 스타터의 접종: 살균한 원료는 냉각하고 스타터를 3% 접종한다. Stirred yoghurt는 대형탱크에서 스타터를 접종한 후 발효과정으로 들어간다.

(4) 요구르트의 발효: 일반적으로 소비자가 가장 적당하다고 생각하는 산도인 0.85～0.90%일 때까지 발효한다. 발효 온도는 균주에 따라 다소 차이가 있으며, 고온성 유산균인 *L. bulgaricus* 와 *S. thermophilus*인

경우에는 37～42℃에서 발효한다. 발효시간은 *L. bulgaricus* 단독으로 사용할 때에는 5～7시간의 발효시간을 필요로 하지만 *S. thermophilus*를 혼합해서 사용하면 3.5～4시간 만에 제조가 가능하다. 이때 단백질 분해력이 높은 *L. bulgaricus*는 우유 단백질인 casein을 분해하여 *S. thermophilus*에게 아미노산을 제공하고, *S. thermophilus*는 formic acid와 pyruvic acid를 생산하여 *L. bulgaricus*에게 제공하고 서로 공생 관계를 갖는다. 풍미가 좋은 요구르트를 만들기 위해서는 향기가 좋은 균주를 선택하고, 적절한 발효 조건을 설정하는 것이 매우 중요하다.

## 1.2 치 즈

치즈(cheese)는 우유에 유산균을 접종하여 젖산을 생성시키고, casein의 응유효소인 레닛(rennet)을 가하여 응고된 커드(curd)를 회수하여 숙성시킨 것이다. 치즈는 우유를 오랫동안 저장하는 한 방법으로서 발전된 것으로 영양가도 매우 높다. 치즈의 종류는 형태, 크기, 숙성 정도, 원료유, 조미료, 포장 및 생산지역에 따라 약 800여 종 이상으로 매우 다양하다.

### 1) 종 류

(1) 코티지 치즈(Cottage cheese): 숙성시키지 않은 연질 치즈이며, 원산지는 네덜란드이다. 최종 치즈의 조성은 수분 70～75%, 지방 0.5～0.8%, 단백질 19%, 소금 0.8～1.2% 정도이다.

(2) 카멤베르 치즈(Camembert cheese): 프랑스가 원산지인 숙성된 연질 치즈이다. 13℃에서 3주 간 숙성시키며, 숙성 중 표면에 *Penicillium camemberti*가 번식하면서 분비하는 가수분해 효소에 의해 치즈의 단백질이나 지방을 분해하여 독특한 풍미가 만들어진다. 성분 조성은 수분 43～53%, 지방 26～28%, 단백질 17～21%, 식염 1.5～3.0%이다.

(3) 로크포르 치즈(Roquefort cheese): 프랑스 남부지방의 Roquefort 마을에서 시작된 대표적인 반경질 치즈이다. 푸른곰팡이인 *Penicillium roqueforti*에 의해 숙성시킨 것인데, 숙성 중 protease와 lipase에 의한 분해 산물 때문에 독특한 자극취를 주며, 일명 블루치즈(blue cheese)라고 부르기도 한다. *Penicillium* 증식에 필요한 산소 공급을 위하여 구멍을 뚫고 제품의 내부는 곰팡이에 의한 대리석 모양의 무

늬를 볼 수 있다. 치즈 조성은 수분 38.5～41%, 지방 31～33.2%, 단백질 21～22%, 식염 4.1% 정도이다.

(4) 스위스 치즈(Swiss cheese): 스위스의 Emmental 계곡이 원산인 대표적인 경질 치즈이며, emmental cheese라고도 한다. 탄력이 우수하고 독특한 풍미가 있으며, 내부에 가스 구멍인 치즈 눈(cheese eye)이 있다. 고온성 유산균인 *Streptococcus thermophilus, Lactobacillus bulgaricus, Lactobacillus helveticus* 등이 사용된다. 이때 치즈 눈의 형성 및 독특한 풍미를 위하여 *Propionibacterium shermanii*도 사용하며, 이 균의 발효로 인하여 프로피온산, 초산 및 $CO_2$가 만들어진다. 치즈의 성분 조성은 수분 37～39%, 지방 27～28%, 단백질 27.5%, 식염 1.0～1.6% 정도이다.

(5) 체다 치즈(Cheddar cheese): 원산지는 영국의 Cheddar 마을에서 시작되었으며, 세계적으로 가장 많이 생산되고 있다. 경질 치즈이며, 제조 과정에 체더링(cheddaring)이라는 공정이 있는 것이 특징이다. 3～6개월의 숙성 과정을 거친다. 제품은 부드러운 풍미와 특유의 방향이 있다. 체다 치즈의 성분 조성은 수분 37～38%, 지방 32%, 단백질 22～25%, 식염 1.4～1.8% 정도이다.

(6) 파마산 치즈(Parmesan cheese): 원산지는 북이탈리아이고, 초경질 치즈로서 주로 고운 가루로 마쇄하여 음식물에 뿌려 먹는다. 주원료로는 반 탈지유를 사용하고, 제조방법은 Swiss cheese와 비슷하나 숙성 기간은 1～3년으로 비교적 길다. 치즈의 성분 조성은 수분 20～25%, 지방 28%, 단백질 38%, 식염 2% 정도이다.

(7) 고다 치즈(Gouda cheese): 네덜란드 남부의 Gouda 지방이 원산지이며, 지방 함량이 매우 높은 편이다. 숙성 기간은 3～6개월이며, 외피는 적색으로 염색한다. 치즈의 성분 조성은 수분 35～42%, 지방 30%, 단백질 25～26%, 식염 1～2% 정도이다.

(8) 가공치즈(Processed cheese): 가공치즈는 종류가 다른 치즈를 분쇄 혼합하여 유화제를 첨가하고 가열 융해한 후 재성형한 것이다. 원료로는 주로 Cheddar, Swiss, Gouda, Camembert 치즈 등이 쓰인다. 가공치즈는 새로운 풍미와 조직감이 있으며, 보존성이 좋아지는 등 장점이 있어 생산량이 증가하고 있다.

### 2) 사용 균주

치즈에 사용되는 유산균은 중온성으로는 *Lactococcus lactis, Lactococcus cremoris, Lactococcus diacetylactis, Leuconostoc cremoris* 등이 있고, Cheddar cheese, Gouda cheese, Camembert cheese, Cottage cheese에 이용된다. 고온성으로는 *Streptococcus thermophilus, Lactobacillus bulgaricus, Lactobacillus helveticus* 등이 있고, Emmental cheese, Parmesan cheese 등에 사용된다.

이 균주들은 발효 중 신속하게 젖산을 만들어 커드가 생성되게 하고, 신맛을 부여한다. 또한 방향 물질을 생산하며 커드의 단백질과 지방의 분해작용을 통하여 치즈의 숙성에도 관여한다. 발효 중 생산되는 젖산, 초산, 디아세틸, 과산화수소, 박테리오신은 항균작용을 함으로써 제품의 보존성에 크게 기여한다.

치즈 제조에 이용되는 곰팡이로는 *Penicillum roqueforti*와 *Penicillium camemberti*가 있다. *Penicillum roqueforti* 는 푸른곰팡이로서 내염성이 강하고, 낮은 산소 농도에서도 잘 증식하며, 젖산을 대사할 수 있다. 주로 Roquefort cheese의 제조 중 숙성에 이용된다. 즉 숙성 과정 중 균사로부터 protease와 lipase를 생산하여 casein을 가수분해 하여 cheese 조직을 연하게 하고, 각종 아미노산의 양을 증가시켜 맛에 기여한다.

Lipase는 유지방을 가수분해하여 butyric acid, caproic acid, caprillic acid, caplic acid 등 주요한 방향 성분들을 만들며 생성시키며, 이들은 더욱 산화 및 탈탄산되어 자극적인 향을 부여하기도 한다. *Penicillium camemberti*는 포자를 잘 만들지 않고, 흰색의 균사를 가지며, 건조한 환경에서도 비교적 잘 증식하는 것으로 Camembert cheese 숙성에 사용된다. Camembert cheese의 표면에 증식하여 젖산을 이용하고, protease와 lipase를 생성하여 치즈의 조직이 연하여지고 독특한 향미를 갖게 하여 기호도를 높인다.

*Propionibacterium* 속 중 치즈 제조에 사용되는 균주는 *Propionibacterium freudenreichii* subsp. *shermanii*이며, Swiss cheese의 치즈 눈 생성에 매우 중요하다. 이 균주는 혐기성이고, 소금물에 대한 내성이 적으며, 비교적 성장이 느리나 *Lactobacillus bulgaricus* 등과 함께 공존하면 증식이 촉진된다. 치즈의 풍미 성분을 생산할 뿐만 아니라 vitamin $B_{12}$도 생산하는 것으로 알려져 있다.

### 3) 제조 방법

치즈는 제조 방법이 종류에 따라 다소 다르나 기본 원리는 비슷하다. 가장 대표적이라고 할 수 있는 체다 치즈(Cheddar cheese)는 다음과 같다.

(1) 우유의 살균: 원유를 63℃에서 30분 간 또는 72℃에서 16초 간 살균하되 74℃ 이상 가열 처리되면 단백질 변성으로 커드가 연해져 바람직하지 않다.

(2) 스타터 접종 및 레닛의 첨가: 살균된 원유를 30℃로 냉각시키고 *Lactococcus* 스타터를 1~2% 첨가하여 발효시킨다. 이때 산도가 0.17~0.20%에 이르면 가급적 속히 레닛을 첨가한다. 레닛 첨가 후 5분 정도 저어 준 후 커드 형성을 위하여 25분 정도 정치시킨다.

(3) 커드의 절단 및 가온: 응고된 커드를 수평과 수직 방향으로 적당한 크기로 자르고 1℃/5분의 속도로 37~40℃까지 가온하고 45분 정도 유지한다.

(4) 유청 제거: 커드가 수축되면서 유청이 다량 배출되는데, 이때 여과포로 유청을 분리한다.

(5) 체더링(cheddering) 및 소금 첨가: 체더링이란 커드를 양쪽으로 쌓아 올리고 도랑을 만들어 유청이 흘러 빠져나가게 하는 공정을 말하며, 유청이 분리되면 여러 번 뒤집는 작업을 하여 탄력성을 증진시키고, 분쇄기로 파쇄 및 커드량의 2~3%로 소금을 혼합한다. 이때 커드는 더욱 수축되고, 젖산 발효가 억제되면서 오염을 방지할 수 있다.

(6) 압착 및 숙성: 천천히 압착한 상태로 2~3일 동안 성형을 하여 그린 치즈(green cheese)를 만들고, 이것을 10~15℃, 습도 85%인 건조실에 넣고 2~3일 간 건조시킨다. 표면이 건조되면 118℃의 파라핀(paraffin)으로 coating하고 4℃, 습도 85%의 숙성실에서 5~6개월 동안 숙성시킨 후 포장하여 제품화한다. 숙성 과정 중 그린 치즈는 잔존하는 유산균과 레닛의 작용으로 단백질과 지방질이 분해되어 각종 아미노산 및 지방산 이외에 여러 가지 풍미에 관여하는 유기물질이 만들어져 기호성을 높여 준다.

### 1.3 유제품의 전망

문화 및 경제 발전에 따라 소비자들은 건강에 대한 인식이 점차 증가되어 건강 기능성이 부여된 제품을 선호하여 앞으로 이에 대한 제품들이 다양하게 개발 생산될 전망이다. 이 중 낙농제품에서도 이에 관한 연구가 활발히 진행되고 있으며, 특히 생리 기능성이 있는 천연물이나 그 발효물을 유제품에 첨가한 후 프로바이오틱스로 발효시킴으로써 제품의 생리 기능성을 향상시킨 제품에 대한 개발이 이루어지고 있다.

표 16-2는 한 예로서, 홍삼을 우유 및 요구르트에 홍삼을 첨가함으로써 증진된 항산화력을 나타내었다. 이 외에도 기능성 증진을 위한 제품화가 활발히 이루어지고 있다.

표 16-2. 홍삼이 첨가된 우유 및 요구르트의 항산화력 측정

| | 농도(μg/mL) | 우유 | 홍삼+우유 | 요구르트 | 홍삼+요구르트 |
|---|---|---|---|---|---|
| DPPH RSA[1)] (%) | 250 | 12.3±0.5 | 15.5±0.8 | 10.1±0.3$^{b}$ | 19.3±0.7 |
| | 500 | 12.4±1.0 | 17.3±1.0 | 11.1±0.9$^{b}$ | 19.5±0.5 |
| | 1,000 | 13.1±1.2 | 21.2±1.5 | 10.1±0.9$^{bc}$ | 21.1±0.2 |
| TRAP (mM TEAC[2)]) | 250 | 33.3±8.1 | 178.7±4.3 | | 34.4±8.7 |
| | 500 | 124.9±10.7 | 503.0±9.2 | N.D | 287.5±6.8 |
| | 1,000 | 308.1±6.4 | 903.5±6.7 | | 549.4±3.0 |

[1)] RSA, radical scavenging activity
RSA(%)=(1-Absorbancesample/Absorbanceblank)×100
[2)] TRAP, total radical trapping antioxidant potential;
TEAC, trolox equivalent antioxidant capacity (출처: Park et al., 2018)

## 2. 발효 육제품

### 2.1 발효 소시지

발효 소시지는 소시지 제조 중 숙성 과정에서 미생물에 의한 발효를 시킨 제품으로, 제품의 부패균의 성장을 억제할 뿐만 아니라 발효를 통하여 당으로부터 여러 가지 분해 산물이 만들어지며, 이에 대한 품질에 미치는 영향과 건조 및 숙성 과정 중에 일어나는 고기의 이화학적 변화로 인하여 소시지의 맛이 부드럽고 향이 독특하다.

미국의 농림부(U.S. Department of Agriculture, USDA)의 식품 안전성 검사소에 의하면 염지제로서 색의 고정 및 세균의 억제용으로 nitrite를 사용할 수 있으며 pH는 5.0 이하, 수분 : 단백질의 비는 3.1 : 1.0 이하로 규제하고 있다. 특히 glucono-δ-lactone을 사용할 수 있는데, 이는 발효 중 gluconic acid로 전환되고, 젖산세균에 의하여 젖산 및 초산으로 더욱 전환되어 제품의 산도를 높여 준다.

발효 소시지는 제법 상 건조 소시지(dry sausage)와 반건조 소시지(semi-dry sausage)로 분류한다. 건조 소시지는 낮은 온도에서 장시간 발효시키며, 스타터로는 *Lactobacillus* 나 곰팡이를 케이싱(casing) 표면에 접종하여 발효시킨다. 반면 반건조 소시지는 발효기간이 짧고, 다량의 젖산이 축적되어 신맛을 낸다.

### 1) 스타터(starter)

발효 소시지의 starter culture로 이용되는 미생물은 낮은 pH와 6%의 염용액 및 아질산염에 대하여 내성이 있어야 한다는 조건이 있다. 또한 생육온도는 27～43℃ 정도이어야 하고, protease 및 lipase의 생산능이 있는 균주는 바람직하지 못하다. 주로 이에 대한 세균으로는 *Lactobacillus* 속, *Pediococcus* 속이 있고, 곰팡이로는 *Penicillium* 속이 있으며, 주로 숙성 단계에서 사용된다.

### 2) 제조 공정

① 원료육의 pH는 5.4～5.8 정도인 것으로 사용하며, 부재료로는 소금, 아질산과 발효 촉진을 위하여 1%의 당을 첨가한다.

② Silent cutter로 원료의 분쇄 혼합을 하며, 이때 마찰열이 발생하여 지방이 녹는 것을 방지하기 위하여 동결된 지방을 사용한다. 골고루 혼합된 원료는 케이싱에 충전한다. 충전 시는 기포 방지 및 지방의 유출을 방지하기 위해 5℃ 이하의 저온에서 충전한다.

③ 케이싱에 충전된 소시지는 숙성을 시키며, 이때 발효와 동시에 건조가 이루어진다. 이 과정에서 소시지는 pH와 수분 활성도가 낮아지고, 조직이 단단해지며, 발색 및 풍미(기호성)가 증진되고 저장성이 커진다.

## 2.2 발효 햄

발효 햄은 raw ham 또는 dry-cured ham이라 하며, 발효 소시지와 달리 원료육을 마쇄하지 않고 그대로 이용한다.

### 1) 제조 방법

일반적인 제조 방법은 다음과 같다.

① 발효 햄은 뼈를 제거한 다음 염지액으로 염지한다. 이때 염지제의 조성으로는 소금, 설탕, sodium nitrate 및 향신료로 하며, 첨가되는 염지제의 양은 원료육 무게의 7~8%로 정도로 조절한다.

② 염지된 원료육은 과도하게 침투된 소금을 부분적으로 유출시키고, 색택을 향상시키기 위하여 물에 1시간 정도 침지시킨다.

③ 훈연은 향이 좋고 방부성이 뛰어나며, 수지가 적은 나무를 사용하여 21~32℃에서 냉훈법으로 실시한다. 훈연 시간은 보통 2~3일 동안 실시하거나 간헐적인 방법일 경우는 5~8일간 실시하기도 한다.

④ 숙성은 훈연된 햄을 공기가 통풍이 잘 되는 곳에서 하며, 숙성 중 내부의 수분이 발산되어 건조가 진행되기도 한다. 건조실의 온도는 21~30℃, 습도는 초기 80%에서 말기 65%로 조절한다. 발효 햄은 크기가 크면 건조 기간이 그만큼 길어져 숙성이 까다롭다. 일반적으로 미생물의 수는 숙성 초기에 급격히 증가하나 숙성이 진행됨에 따라 감소하며, 또한 미생물의 종류도 변화한다. 낮은 온도에서는 숙성 초기에 그람 음성 세균인 *Pseudomonas, Acinetobacter, Moraxella, Alcaligenes* 및 *Aerobacter* 속 등이 대부분을 차지하나, 점차로 수분 활성도와 pH가 낮아짐에 따라 내성이 강한 *Lactobacillus, Micrococcus, Streptococcus* 및 효모 등이 지배적이 된다. 특히 *Micrococcus*는 질산 환원균으로 발색에 관계가 깊고, *Lactobacillus*는 당 분해 역할을 한다.

# 제 17 장

# 미생물의 제어

미생물의 사멸 또는 성장 억제를 위하여 물리적 또는 화학적인 방법으로 처리한다. 모든 균을 죽일 때는 멸균(sterilization)이라고 하며, 일반적으로 사멸시키는 경우를 살균(pasteurization)이라고 한다. 즉, 살균인 경우는 멸균보다 온화한 방법으로 일반 병원성 미생물 등은 사멸하나 특정 내성이 있는 미생물은 생존할 수 있다.

균체는 가열뿐만 아니라 방사선, 산(acid) 처리 등 여러 가지 살균 처리에 있어서 균체는 손상을 입으며, 손상된 균(injured cell)은 주로 세포막, 리보솜, DNA 또는 효소 등의 손상 또는 변성을 들 수 있다. 특히 손상된 세포막을 통하여 $Mg^{2+}$ 등 여러 가지 미네랄의 손실 등이 일어나며, 이로 인하여 리보솜의 손실이 관찰되고 있다.

그러나 환경 조건에 따라 생존과 사멸이 결정되는데, 특히 열처리에 손상된 세포는 균체 내 peroxidase 등의 효소 활성이 적어 호기적인 조건에서는 대사산물인 과산화물에 의하여 사멸하게 된다. 혐기적인 조건에서는 대사 산화물 생성의 최소화로 회복될 수 있다. 이 외에 손상된 세포의 회복에 유효한 것으로 pyruvate를 들 수 있다.

## 1. 물리적 방법

### 1.1 가 열

물 또는 수증기나 공기를 열전달 매체로 하여 처리하는 것으로 공기보다는 수증기나 물이 열 전도도가 높아 살균에 있어서 더 효과적이다. 가열에 의한 살균 효과는 식품 성분에 의하여 영향을 받을 경우 카제인, 유당, phophate 등은 균을 보호하는 효과를 가지며, 설탕 및 arabinose, xylose, sorbitol 등 대사되지 않는 당 및 polyol도 열처리에 대한 보호 역할을 하는 것으로 알려져 있다.

열에 대한 감소 속도는 그림 17-1과 같으며, 이때 일정 온도와 정해진 환경 조건에서 모든 균이 사멸되는데, 소요되는 시간(분)을 가열치사시간(thermal death time, TDT)이라고 하고, 특히 121℃일 때 총 살균시간은 F-value로 표시한다. 살균했을 경우, 균수가 1/10으로 줄어드는 데 걸리는 시간을 90% 사멸시간(decimal reduction time, D-value)이라고 한다.

D-value가 작을수록 열에 민감함을 나타내며, 같은 균이라 할지라도 온도에 따라 D-value가 다르게 나타난다. 이를 온도와 D-value의 상관관계를 나타내는 그래프에서 D-value가 90% 감소되는 데 필요한 온도 차이를 z-value라 한다(그림 17-2).

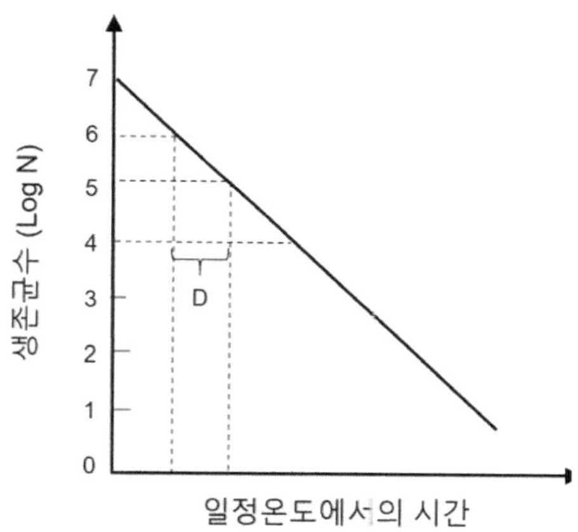


그림 17-1. D-value

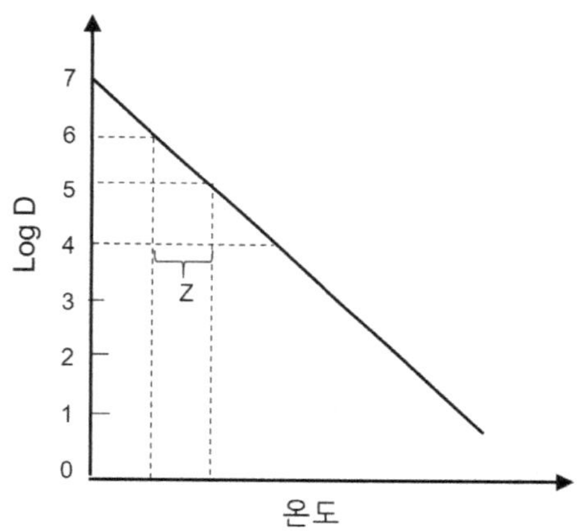


그림 17-2. Z-value

또한, $N_0$가 초기 균수, t시간 열처리 후 균수를 $N_t$이라고 할 때, $\ln(N_0/N_t)$를 Del factor라고 한다. 식기나 용기 등의 살균에는 일반적으로 100℃에서 30분 정도 하며, 식품의 살균에 있어서는 60～65℃에서 30분 동안 실시한다. 이 방법은 과거에 많이 사용하는 방법으로 시설이 공간을 많이 차지하는데 반하여 생산성이 떨어지며, 공정 시간이 길다는 문제점이 있어 소규모에 쓰여진다.

이 살균 효과는 연속식으로 71.1℃에서 15초로 열처리 시간을 단축시키는 고온순간살균[high temperature short time(HTST) pasteurization]을 사용한다. 이 방법은 가열취가 적고, 재오염이 적으며, 적은 공간에서 실행하여 우유 살균에 사용되어진다. 이를 더 발전된 연속식 방법으로서 130～150℃에서 0.75～2초 간 열처리하여 산업적 대량 생산에 사용되는 초고온 살균법(ultra high temperature heating methods, UHT)이 있다.

한편, 포자를 형성하는 내열성 균을 위한 살균법으로는 간헐살균(discontinuous sterilization)을 사용하며, 하루에 한 번 100℃에서 20～50분 간 하고, 3일 동안 간헐적으로 실시하는 방법이다. 또한 멸균 방법으로 수증기를 이용한 가압 멸균방법으로 121℃에서 15분 간 실시하기도 하고, 건조 가열 살균(dry sterilization)방법으로서 140～160℃에서 2시간 하며, 이 방법은 주로 금속식기류, 유리기구 등을 살균하는 데 사용한다.

이 외의 가열방법은 극초단파(microwave)로도 하며, 2.45 GHz의 극초단파에 의한 물 분자의 진동으로 가열을 하는 방법이 있다.

## 1.2 막 여과법

여과법은 비가열 방법으로 식수나 점성이 매우 적은 액상 식품으로서 가열에 의해 영양분의 손실이 우려될 경우 적용되며 0.45㎛ 막을 사용한다.

## 1.3 자외선 조사

자외선은 180～340 nm의 파장을 가지며, 자외선에 의하여 세포 내의 DNA의 thymine이 다른 가닥 염기와의 수소결합이 깨지면서 그림 17-3과

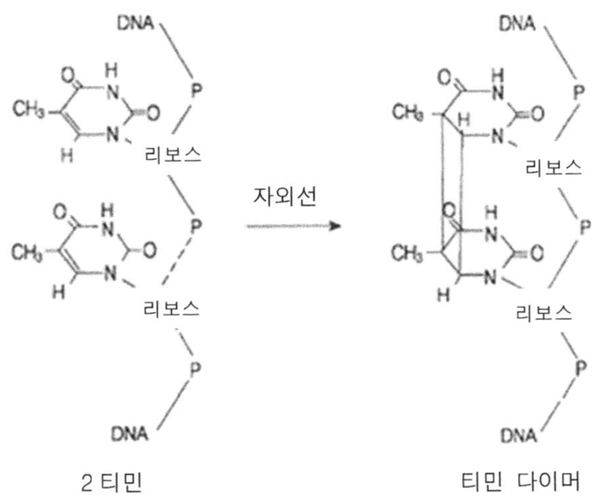


그림 17-3. 자외선(UV)에 의한 DNA의 손상

같이 이웃하는 thymine과 서로 결합하여 균의 DNA를 손상시킨다. 이를 이용하여 살균하는 것으로, 투과력은 없고 주로 식기류나 현장의 공기 살균할 때 사용하며, 인체에 직접 쪼였을 경우 눈의 손상 등 해로우므로 주의를 해야 한다.

## 2. 화학적 방법

화학적인 방법으로 화학물질을 사용하며, 가공 설비의 살균 또는 인체의 소독제로 사용한다. 종류에 따라 장단점이 다양하며, 용도에 따라 선택하여 사용한다.

- **알코올:** 가장 널리 쓰이는 것으로 50∼70% 에탄올이나 isopropanol을 사용하며, 단백질 변성이나 지질을 용해시킨다. 포자는 효과가 없으며, 주로 피부 소독에 사용한다(그림 17-4).

Ethanol Isopropanol

그림 17-4. 소독제로 사용되는 알코올류

- **Formaldehyde:** 반응성이 높으며, 8% 농도로 희석하여 사용한다. 아미노산의 $-NH_3$, $-SH$, $-COOH$기와 반응한다. 자극적이고 높은 농도에서 내생포자(endospore)에 효과적이지만 발암물질이므로 주의를 필요로 한다(그림 17-5).

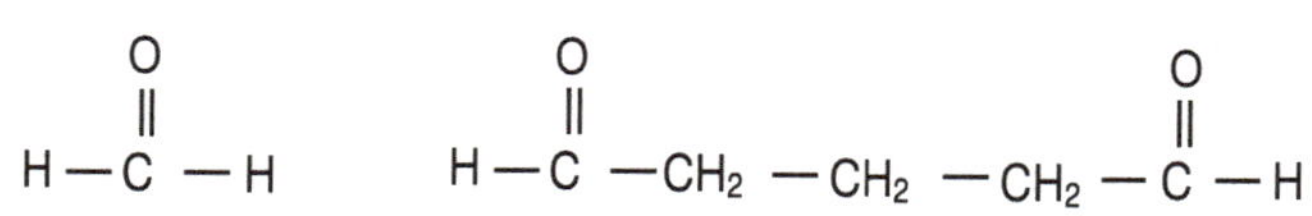

Formaldehyde Glutaraldehyde

그림 17-5. 소독제로 사용되는 알데히드류

- **Iodine tincture:** 70% 에탄올에 2% 농도로 사용한다. 피부의 소독제로 사용하며, tyrosine과 결합하여 불활성화 시킨다.
- **염 소:** 차아염소산(hypochlorous acid)은 강한 산화제로서 일반적인 소

독약으로 사용되기도 하지만 주로 식수 살균에 사용한다. *Staphylococcus aureus*는 내성이 강하며, 곰팡이나 poliovirus나 phage와 같은 바이러스에 효과적이다.

- **Quaternary ammonium compounds:** Cetrimide나 benzalkonium chloride가 여기에 속하며, 양이온 계면활성제로서 세포막을 파손하고 곰팡이, 효모, 그람양성 세균에 효과적이다. 효과가 빠르며, EDTA나 benzyl 알코올과 혼합 사용하면 더욱 효과적이다. 피부 소독이나 식기류 등의 소독에 사용하고, 독성이 적은 편이다(그림 17-6).

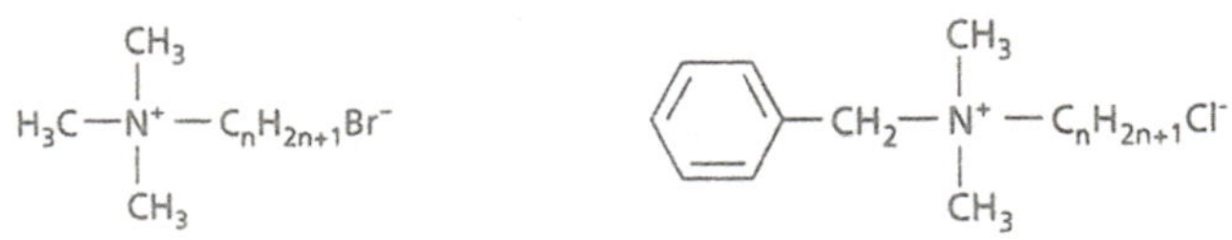


Cetrimide
(dodecyl(n=12)-, tetradecyl(n=14)-, hexadecyl(n=16)-trimethyl ammonium bromide의 혼합물)

Benzalkonium chloride
Alkyldimethylbenzyl-ammonium chroride(n=8~18)의 혼합물

그림 17-6. 4차 암모늄 화합물

- **페놀류:** 페놀(phenol)은 단백질을 변성시키고 세포막 손상을 초래한다. 오래 전부터 소독약으로 사용하여 왔으나 자극성이 있다(그림 17-7). 그람양성 세균에 효과적이며, 0.5% 농도로 희석하여 사용하는데, 이 농도로 다른 살균제의 활성 연구에 비교 군으로 사용되기도 한다. 유도체로서 $CH_3$를 결합시킨 ortho-cresol이 개발되었으며, 0.3% 농도로 사용한다. 자극성이 적어 연고제 형태의 소독제나 화장품 원료로 사용되고 있다. Chlorocresol은 ortho-cresol보다 살균력이 강하며, 0.1%로 사용하며, 눈 소독이나 피부 크림 형태로 사용한다. Chloroxylenol은 그람음성균에도 효과적이며, EDTA에 의해 살균이 강화되고, 주로 화장품 원료로 사용한다.

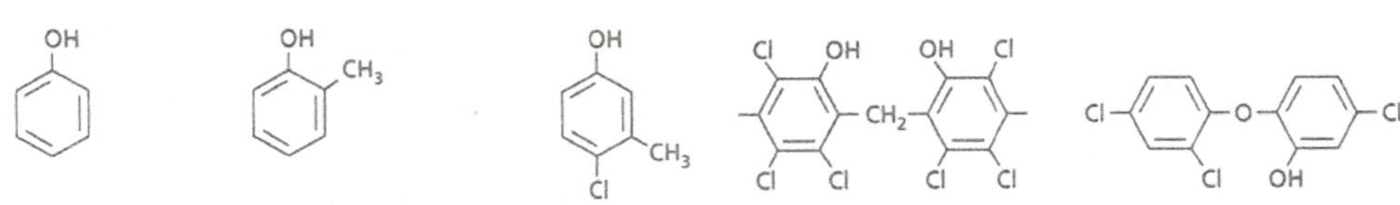


Phenol　　*o*-Cresol　　Chlorocresol　　Hexachlorophen　　Trichlosan

그림 17-7. 소독제로 쓰이는 페놀류

- **멸균기체:** 기체로서 플라스틱이나 고무 등 열처리를 피해야 하는 기자재나 의료용 기기 등을 포장 후 ethylene oxide, propylene oxide 등의 기체로 오염균을 소독시키는 방법이다. 인체에 매우 유해하며, 내생포자 뿐만 아니라 바이러스도 사멸시킬 수 있다(그림 17-8).

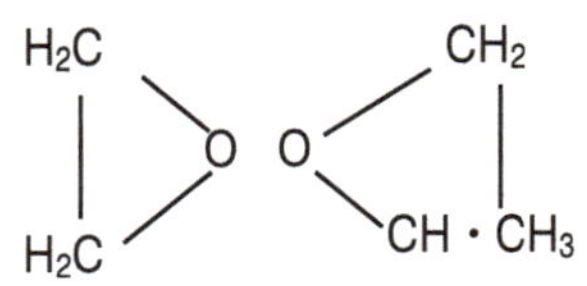


그림 17-8. Ethylene oxide와 propylene oxide

- **Bronopol:** pH 3~8에서 광범위 소독제로서 그람 양성, 그람 음성, 곰팡이에 효과적이며, 세포막이나 dehydrogenase에 영향을 미친다. 주로 의료용이나 화장품 원료로 사용된다(그림 17-9).

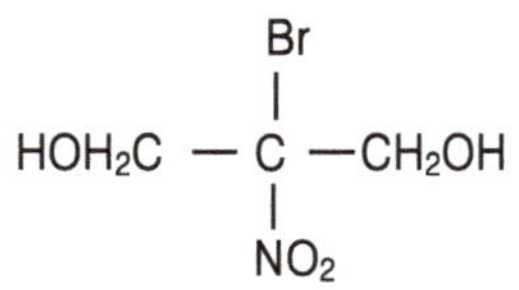


그림 17-9. 브로노폴의 구조

## 3. 생물학적 방법

생물학적인 방법은 천연물에서 유래하는 성분에 의한 것으로 고 농도인 경우는 살균 효과가 있을 수 있겠으나 대체적으로 세균의 감소가 느리다. 천연물의 항균 효과는 살균이라기보다 성장이나 번식을 억제하는 정균 효과를 갖는다고 볼 수 있다. 따라서 다음 제18장 식품보존법에서 다루기로 하겠다. 살균에 대한 생물학적인 방법의 예는 박테리오파지를 들 수 있다.

박테리오파지(bacteriophage)는 핵산과 단백질 캡슐로 싸인 바이러스로 숙주로서 세균에만 침투 번식한다. 박테리오파지는 숙주에 대한 특이성을 가지며 균을 용해(lysis)시킨다. 식품에 존재하는 특정 부패균이나 식중독균에 대한 박테리오파지의 효과로 식품의 안전성 및 저장성을 증가시킬 것이다.

실제로 닭고기에서 박테리오파지에 의한 *Salmonella enteritidis*와 *Campylobacter jejuni*에 감소 효과를 조사해 본 결과 2일 동안 약 1/100배 이하로 감소하는 결과를 보였다(Goode et al., 2003). 박테리오파지는 1917년에 처음 발견된 이래 살균 방법에 대한 연구가 부진한 편이었으나 최근 슈퍼박테리아 등의 항균제 내성 병원균의 살균 방법으로 연구가 활발히 진행되고 있다. 한편 식품산업에서 식중독균이나 병원균을 살균하는 방법으로는 연구가 활발히 진행되고 있으며, 상당 부분 실용화 되어 있다.

# 제 18 장

# 식품 보존법

## 1. 물리적 방법

### 1.1 건 조

건조는 수분활성도를 감소시켜 미생물의 성장 및 번식을 저해시키는 작용을 하며, 살균 효과는 비교적 적은 편이다. 주로 자연 건조에는 햇빛이나 온풍(바람)을 이용하여 실시하며, 적은 비용과 작업이 단순하다는 장점이 있으나 장시간이 소요되고, 재오염의 가능성 및 품질이 고르지 않다는 단점이 있다. 주로 어류나 김, 과일, 야채 등에 적용된다.

인공 건조는 건조기를 사용하여 열풍건조기를 사용하여 신속하게 건조하는 방법으로 다음과 같은 것이 있다.

#### 1) 열풍 건조

가장 일반적인 것으로 회분식과 연속식이 있다. 회분식은 뜨거운 공기의 순환 속에서 건조시키는 것으로서 회분식으로는 캐비넷(또는 tray) 건조기가 있다. 시설비가 적게 들고, 융통성이 좋으며, 적은 규모로도 할 수 있다(그림 18-1). 한편, 연속식으로는 벨트식 및 터널식 건조기가 있으며, 공기의 흐름과 식품의 진입 방향에 따라 병류식(parallel flow method), 역류식(counter flow method) 및 두 가지의 혼합식으로 나눈다(그림 18-2, 18-3). 노동력이 적게 들고, 품질이 균일하나 시설비가 많이 드는 단점이 있다.

#### 2) 분무 건조

액상 식품을 입자 사이즈로 10~200 μm로 분무시켜 순간적으로 건조하는 방법으로서 비교적 점성이 낮은 액상 식품에 적용된다.

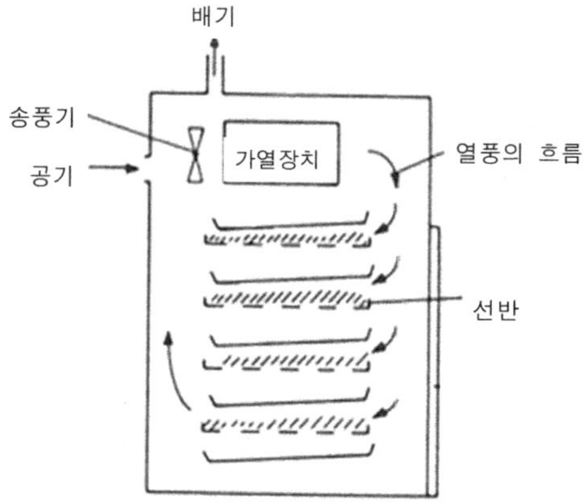


그림 18-1. 회분식 열풍 건조기
(출처: 주현규 외, 2001)

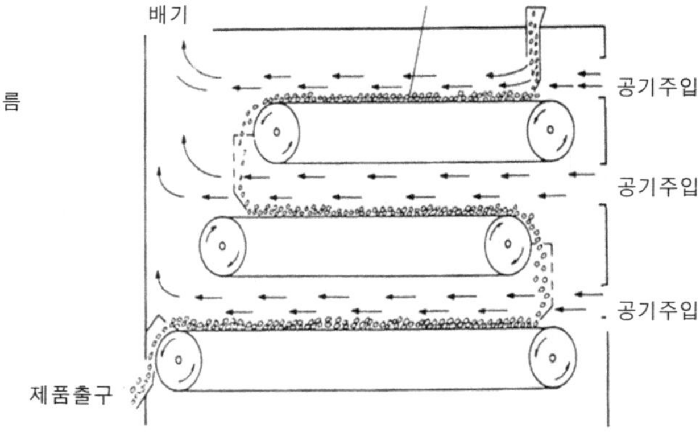


그림 18-2. 벨트식 연속 건조기
(출처: 주현규 외, 2001)

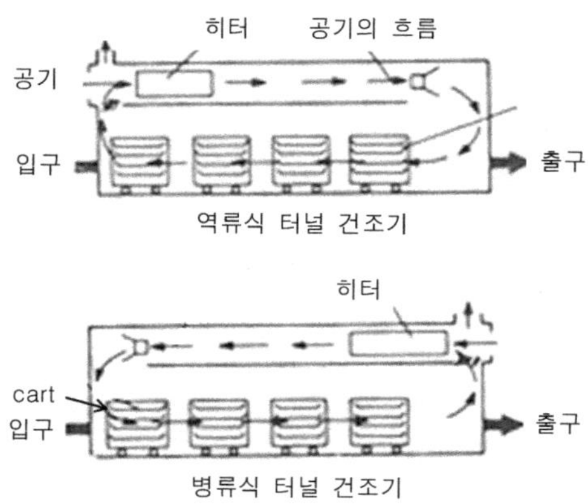


그림 18-3. 터널 연속 건조기
(출처: 주현규 외, 2001)

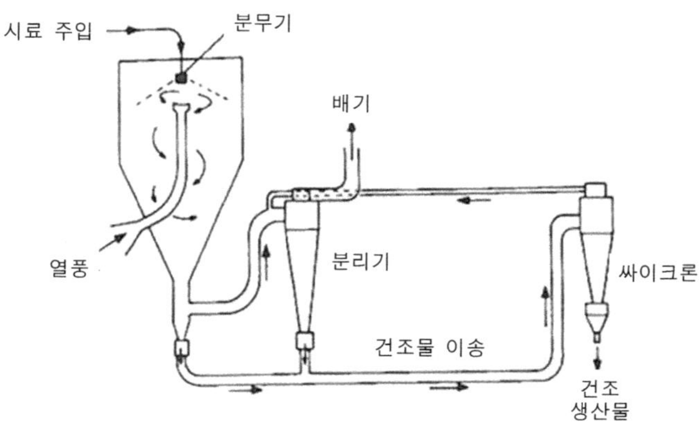


그림 18-4. 분무 건조기
(출처: 주현규 외, 2001)

### 3) 드럼 건조

주로 점성이 높은 식품에 사용하며, 고온의 드럼통의 표면에 피막을 입혀 건조하는 방법이다. 주로 죽이나 전분 제품에 사용한다(그림 18-5).

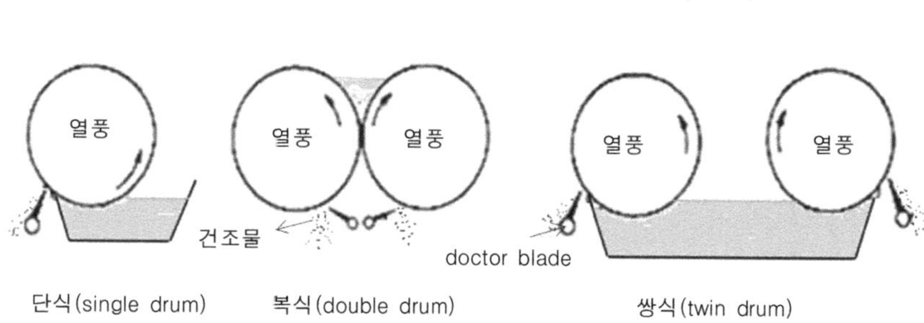


그림 18-5. 드럼 건조기 (출처: 주현규 외, 2001)

### 4) 포말 건조

Carboxymethyl cellulose(CMC), methyl cellulose(MC) monoglyceride, albumin 등을 첨가하여 거품을 형성시켜 표면적을 넓게 하여 신속하게 건조시키는 방법으로서 과일주스, 영・유아식 등에 사용된다(그림 18-6).

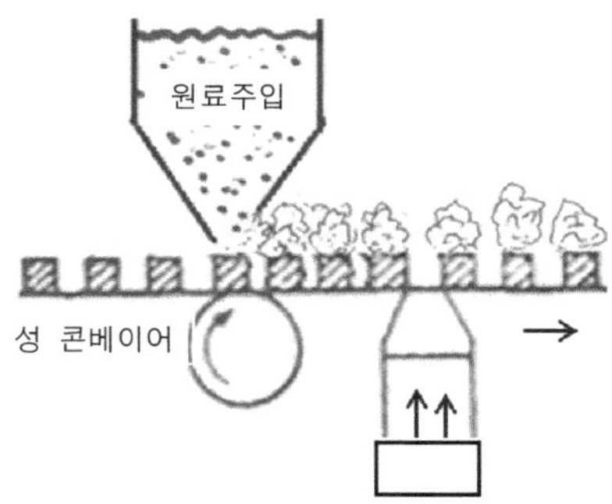


그림 18-6. 포말 건조기
(출처: 주현규 외, 2001)

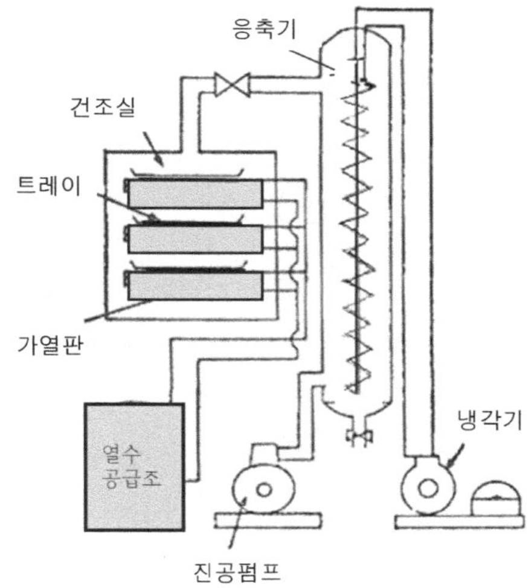


그림 18-7. 냉동 진공 건조기
(출처: 주현규 외, 2001)

### 5) 동결 건조

물의 동결 상태에서 3중점(triple point) 이하에서 승화로 건조시키는 방법으로서 식품 조직 손상이 적으며, 복원력이 뛰어나고, 향미 영양분의 손실이 적은 장점이 있다. 열에 민감한 식품에 적합하나 지질인 경우 산패가 쉽고, 설치비 및 건조 비용이 많이 드는 단점이 있다(그림 18-7).

## 1.2 가 열

가열의 목적은 식품의 조직감이나 향의 변화에 의한 기호성 증가, 저장 중의 생화학적 변질 방지 등이 있으나 무엇보다 위생적인 측면에서 부패 및 병원성 미생물에 대한 살균 목적이 있다고 볼 수 있다. 주로 식품에 사용되는 것은 통조림, 병조림 및 레토르트 파우치 등이 있다.

통조림은 식품을 주석 또는 알루미늄으로 된 관(can)에 담아 가열 탈기 밀봉하는 방법이고, 병조림은 유리병에 담아 가열 살균하는 방법으로 오래전부터 사용되어 왔다. 이때 식품을 가열하면 향이나 색, 조직이 나빠지고 영양가가 손실될 수 있다. 따라서 품질을 위하여 위생상 안전하다고 판단되는 최소한의 살균 조건으로 실시하는데, 이를 상업적 살균법(commercial sterilization)이라고 한다. 이 방법은 주로 과일 통조림에서 사용되며 70~100℃에서 실시한다.

레토르트 파우치(retort pouch)는 polyethylene, aluminium foil, polystyrene이 복합된 내열성 film을 사용하여 고압 살균한 것이고, 주로 조리식품에 사용되며, 물리적 강도가 높고, 보존성도 크며, 유통이 수월하다.

## 1.3 냉장 및 냉동

냉장은 0~15℃에서 저장하는 것을 말하며, 미생물의 증식을 억제하며, 이 외에도 식물이나 동물 조직의 대사작용을 억제하고, 효소에 의한 지질의 산패, 갈변, 퇴색, 자가소화 및 영양분 손실 등을 억제함으로써 저장성을 높여 주기도 한다. 그러나 저장 중에 냉온성 균이나 호냉성 균이 증식할 수 있으므로 냉장일 때 다른 위생적인 처리방법이 함께 모색되어야 한다.

냉동저장은 -20℃에서 저장하는 것으로, 미생물의 번식 이외에 식품의 효소에 의한 변질, 화학적 변질 등을 저해하고 영양분 손실도 적다.

## 1.4 염장 및 당장

고염에서 수분활성도 감소 및 삼투압의 증가로 미생물은 원형질 분리가 일어나며, 염의 농도에 따라 균의 생육 저해 효과는 다르며, 대체로 10% 이상에서는 생존하기 어렵다. 대표적인 미생물의 최고 염 농도는 다음과 같다.

| | | |
|---|---|---|
| *Penicillium* spp. 20~30% | *Torula* spp. 25% | *Saccharomyces* spp. 15% |
| *Staphylococcus* spp. 12% | *Bacillus* spp. 9~10% | *Vibrio* spp. 8% |
| *Salmonella* spp. 7% | *Bacillus tuberculosis* 2% | |

염에 대한 저항성은 부패 미생물이 병원성 미생물보다 크며, 포자 형성균이 비 포자균 보다 크다. 간균보다는 구균이 고농도 염에 대한 저항성이 크다. 또한, 삼투압은 용질의 분자량이 작을수록 크다. 따라서 같은 농도에서 설탕보다는 소금이 삼투압이 크므로 과일 저장에서는 설탕이 고농도로 사용되어진다. 삼투압에 대한 미생물 저해 효과는 온도가 높거나 $CO_2$ 존재로 더 효과적으로 알려져 있다. 염장법으로는 염 액에 담그는 염수법과 소금을 뿌리는 건염법이 있다.

당장에서 식품의 저장성은 과당 > 포도당 > 설탕 > 젖당 순이며, 내삼투압성 균으로는 *Saccharomyces rouxii*(Aw 0.73 이상), *Hansenula, Pichia, Debaryomyces* 등이 있다. 저장성을 증가시키기 위하여 산도를 높이기도 하며, 세균의 성장을 저해하기 위하여 파라핀이나 진공 포장으로 혐기적 조건을 조성하기도 한다. 주로 젤리, 잼, preserves, marmalade, fruit butter, sweetened condensed milk 등에 이용한다.

## 1.5 방사선 조사

방사선 조사는 $^{60}Co$ 또는 $^{137}Cs$에서 나오는 $\gamma$-ray을 사용하거나 높은 에너지를 갖는 전자 빔(beam)을 식품에 조사하여 살균하는 방법이다(그림 18-8). 강한 에너지로 인하여 직접적으로 균체의 DNA 손상이나 지질의 산패가 가능하며, 또한 물이 분해되어 다음과 같이 반응성이 큰 이온성을 띠어 이온화 방사선(ionizing irradiation)이라고 한다. 이때 균체에 간접적으로 DNA 손상이나 지질 산패를 초래할 수 있다. 물의 이온화는 다음과 같다.

$$H_2O + \text{radiation} \rightarrow H_2O^+ + e^-$$
$$e^- + H_2O \rightarrow H_2O^-,\ e^- + H^+ \rightarrow H$$
$$H_2O^+ \rightarrow H^+ + OH,\ H_2O^- \rightarrow H + OH^-$$
$$\text{By } O_2,\ H + O_2 \rightarrow HO_2(\text{hydroperoxy radical}),\ O_2 + H_2O_2$$

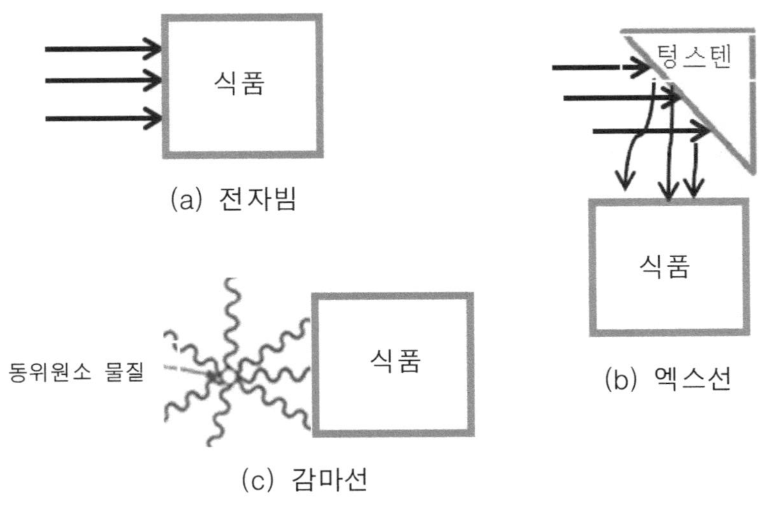


그림 18-8. Irradiation의 종류

장점으로는 포장한 상태로 조사하므로 재오염의 가능성이 없고, 신선함을 유지할 수 있으며, 작업이 간편하고, 비용이 적게 든다. 그러나 초기 설비 비용이 많이 들고, 조사량이 클 때 산화물이나 다른 유해한 물질이 생성될 수 있다는 문제점이 있다.

조사량에 따라 멸균에 가까운 radappertization(30～40 kGy)과 일반 살균과 같은 radicidation(1～10 kGy) 및 과일 숙성 지연 및 기생충 박멸, 부패미생물 살균 등을 목적으로 하는 radurization(0.75～2.5 kGy)으로 나눈다. 미생물의 방사선에 저항성은 균수가 클수록 크고, 그람 양성균이 음성균보다 크며, 식품 수분 함량이 작거나 단백질 함량이 높을수록 크다. 또한 동결된 균체가 크며, 대수증식기 말기부터 정지기에 있는 균체가 저항력이 크다. 방사선 조사에 의해 식품 성분의 변질이 있을 수 있다.

지질일 때 호기적 조건으로 $H_2$, methane, alkanes, 또는 $CO_2$ 등이 생성되며, 혐기적인 조건에서는 (hydro)peroxide, aldehydes, 또는 ketones 등이 생성되어 이취가 발생할 수 있다. 탄수화물인 경우 고분자는 분해되어 점성이 낮을 수 있으며, 효소적 분해가 촉진될 수 있다. 펙틴(pectin)은 매우 민감하여 중합(polymerization) 반응이 일어날 수 있다. 그러나 설탕, 포도당 또는 과당은 보호제(protectants)로 사용되고 있다.

알코올류는 유기산으로 산화된다. 단백질은 비교적 안정한 편이나 탈아미노 반응에 의하여 암모니아가 나오며, 함황아미노산은 $H_2S$, -S-S- 결합 및 sulfinic($-SO_2H$), sulfonic($-SO_3H$) 성분이 생성된다.

비타민에서 vitamin $B_1$, vitamin E, vitamin K 및 vitamin C는 불안정한 편이며, 색소인 myoglobin은 산화되어 metmyoglobin으로 산화된다. 또한 chlorophyll은 pheophytin로 변화되고, 플라보노이드(flavonoid)인 anthocyanin은 쉽게 파괴된다. 따라서 이에 대한 방지책으로 항산화제 첨가, 산소 제거 등을 들 수 있으며, 가열처리 병행한다면 보다 적은 조사량으로 살균할 수 있다.

## 2. 화학적 방법

### 2.1 초침(pickling)

주로 식초를 사용하여 식품을 담그는 방법으로, 식품으로는 오이, 마늘, 양배추 등의 야채에 적용된다. 유산균은 대체로 저항력이 크며, 영양세포보다 포자가 내성이 크다. 이 외의 유기산에서 항균효과는 같은 pH에서 초산 > 시트르산 > 젖산 순이며, 같은 농도에서는 젖산 > 초산 > 시트르산 순이다. 또한 효모에 대한 항균효과의 강도는 초산 > 젖산 > 시트르산 순이다. 일반적으로 1% 이상의 산도로 1~3일 정도 처리하며, 소금이나 높은 농도의 설탕 등이 혼용되면 항균효과가 높아진다.

## 2.2 보존료(preservatives)

주로 유기산으로서 사용되며, 항균 기작으로는 그림 18-9에서와 같이 낮은 pH에 의한 미생물 생육이 저하되기도 하지만, 산 형태(acidic form)로서 세포막에 쉽게 접근하고 통과하여 세포 내의 dehydrogenase와 같은 효소의 저해 등으로 정균효과(bacteriostatic effect)를 갖는 것으로 알려져 있다. 한편, 세포 내의 $H^+$는 ATP를 이용하여 proton pump에 의해 세포 배출된다.

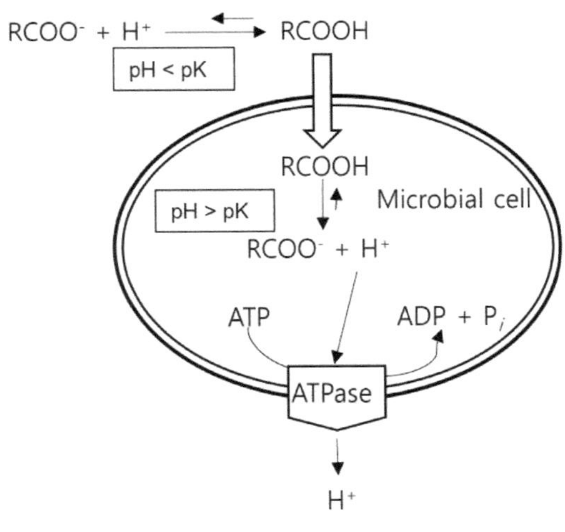


그림 18-9. 유기산의 정균효과

따라서 항균효과를 위하여 환경은 각 유기산의 pK 보다 pH가 낮아야 하며, 이 외의 식품의 수분활성도 및 영양성분의 조성, 초기 균수, 가열 여부, 그리고 보존료의 용해도에 따라 다르게 나타난다. 일반적으로 곰팡이, 효모 및 그람 양성균에 대하여 효과가 있으며, pH 5.5, 0.05% 정도의 농도로 사용되어진다.

대표적인 보존료로서 초산, dehydroacetic acid(DHA), 소르브산, 안식향산, 프로피온산, *p*-oxybenzoic acid esters(paraben) 등이 있고, 각각은 용해도 증가를 위하여 $Na^+$나 $K^+$ 등의 염 형태로 사용되기도 한다(그림 18-10).

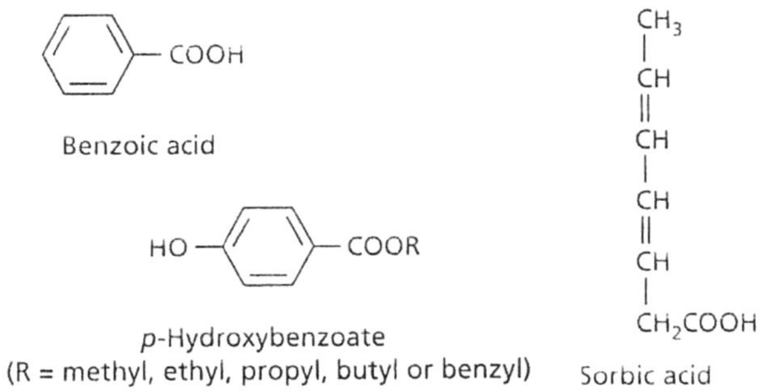


그림 18-10. 대표적인 보존료의 구조
(출처: Waites et al., 2004)

초산(acetic acid, $CH_3COOH$)은 pK가 4.7로 식품 보존료 중 가장 오래 전부터 사용되어 왔으며 sodium, potassium, calcium 등과의 염형태로서도 사용되고 있다. 초산은 곰팡이보다는 주로 효모나 세균에 유효하며 *Bacillus* spp. 뿐만 아니라 병원성 미생물인 *Clostridium* spp., *Listeria monocytogenes, Staphylococcus aureus, Campylobacter jejuni, E. coli, Salmonella* 등에 항균효과가 있으나 유산균, 초산균, 뷰티르산(butyric acid)균은 내성이 있다.

안식향산(benzoic acid) 및 그 염 형태는 미국 FDA의 식품 보존료로서 처음 인증된 것으로 자연에서는 대부분의 berry에 존재하기도 한다. 안식향산의 pK는 4.19이며, 특히 곰팡이 항균작용에 유효하다. 식품에서 음료, 간장, 피클, 잼 등에 0.1% 이내에서 사용한다.

파라하이드록시벤조산 에스터류(*p*-hyoxybenzoic acid ester)는 일명 paraben이라고도 하며, 무색의 결정성 분말로서 난용성이며 알코올이나 초산에 잘 녹는다. 주로 효모나 곰팡이의 생육 저지에 이용되며, 넓은 pH에서 적용된다. 특히 파라옥시안식향산부틸(butyl *p*-hydroxy benzoate)이 가장 살균력이 강하여 오늘날 가장 많이 사용되고 있다. 파라하이드록시벤조산 에스터류의 미생물 저해작용은 균체에 대한 파라옥시안식향산 에스테르의 탄소수에 좌우되는데, 에스테르의 탄소수가 크면 살균효과 커지는 반면 용해도는 저하하게 된다. 따라서 2종 이상의 에스테르를 병용하면 용해도도 커지고, 살균 효과도 높일 수 있다. 이때 첨가량은 파라옥시안식향산의 정량 이하의 규정된 양으로 해야 한다.

젖산(lactic acid) 및 그 염 형태는 유산균에 의해 생성되며, 항균 작용뿐만 아니라 식품의 pH 조절용 향미 부여 등에도 이용된다. 육가공 도체(carcass)에서 다른 유기산과 혼합하여 병원성 미생물의 살균에 사용되고 있다.

프로피온산(propionic acid) 및 그 염 형태는 pK가 4.87로서 주로 곰팡이 성장 억제에 사용된다. 주로 치즈 제조에 사용되며, 제빵 효모에는 영향을 주지 않으므로 제빵산업에서도 사용된다. 사용 농도는 제한이 없으나 보통 0.4% 이내에서 사용된다.

소르브산(sorbic acid) 및 염 형태는 1859년 처음으로 독일 화학자 A.W. van Hoffmann에 의해 rowanberry로부터 처음 분리된 것으로 항균효과는 곰팡이, 효모, 세균 등에 비교적 넓은 항균 스펙트럼을 갖고 있다. 소르브산은 catalase를 생산하는 균의 생육을 억제하며, catalase 음성균은 저항성이 크다. 주로 음료, 제빵, 낙농제품 등 다양한 식품산업에서 사용되고 있다.

## 2.3 향신료(spices)

향신료는 식물에 존재하는 여러 essential oil로서 항균효과를 가지고 있는 것으로 열매, 잎사귀, 꽃잎, 뿌리 등 식물의 여러 부위에서 추출되며, BC 약 1550년경에 이집트에서 시신의 보존료로써 사용되었다는 기록이 있다. 현재 향신료 중 식품 보존료로서 clove, cinnamin, oregano, thyme, sage, rosemary 등이 연구되어 왔는데 항균작용에 있어 그람 음성균이 양성균보다 일반적으로 내성이 강한 것으로 알려져 있다. 대표적인 예는 그림 18-11과 같다.

① 열매: pepper(capsaicin), paprika, vanilla, 겨자(ally isothiocyanate)
② 잎사귀: sage, thyme(cavacrol), rosemary, peppermint(menthol), laurel(cineole)
③ 꽃잎: cloves(eugenol)
④ 뿌리: 생강(citral, gingerol), 양파(allicin), 마늘(diallyl sulfide), horse radish(isothiocyanate)
⑤ 껍질: 계피(cinnamyl acetate and aldehyde)

마늘과 양파에 존재하는 allin은 식물조직이 파괴될 때 allinase의 작용으로 allicin(dially thiosulfinate)이 되며, 이는 SH기가 관여하는 여러 가지 대사의 효소작용을 저해함으로써 항균작용을 갖는다(그림 18-12).

또한, 맥주의 주원료의 하나인 호프의 암꽃에 존재하는 humulone 및 lupulone 유도체들은 맥주의 기호성에 기여할 뿐만 아니라 낮은 수분활성도(water activity, Aw)에서 그람 양성균이나 곰팡이에 대한 항균작용을 가지며, 그람 음성균이나 맥주의 부패균인 유산균에게는 그 작용이 약한 편이다.

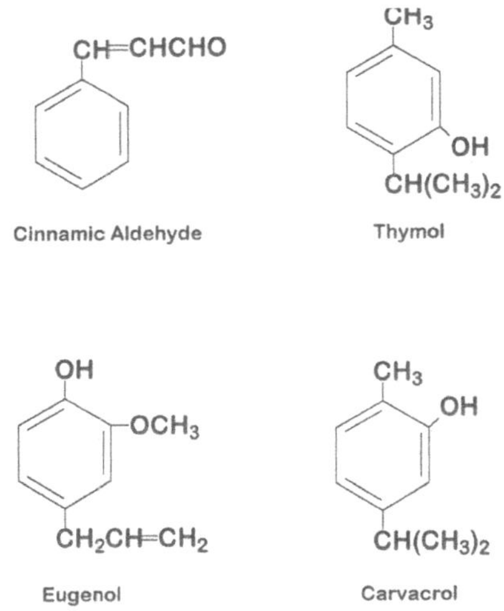


그림 18-11. Essentisl oil의 대표적 항균 성분

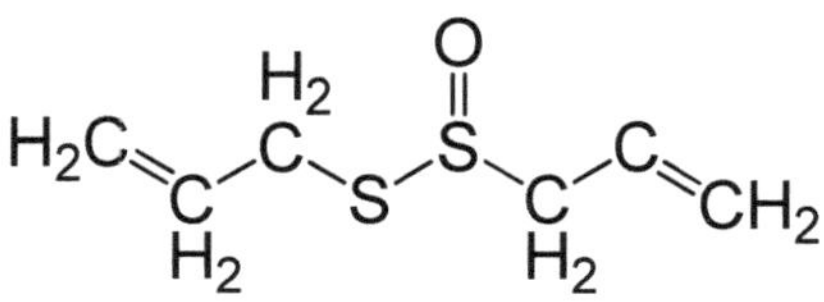

그림 18-12. Allicin

Isothiocyanate는 겨자과 식물에 존재하며, 조직이 기계적으로 파괴될 때 glucosinolate에서 myrosinase에 의해 유도되며, 기호성에 관여할 뿐만 아니라 항균작용이 큰 것으로 알려져 있다. 일반적으로 그람 양성균보다는 그람 음성균에 효과가 크며, 균의 대사 효소 중 SH기가 관여하는 효소의 불활성화를 초래하는 것으로 알려져 있다.

## 2.4 훈연법(smoking)

나무, 톱밥, 옥수수심, 왕겨 등을 태워 그 연기를 쪼이는 방법으로 나무인 경우는 단단하고, 수지가 적은 것을 사용하는 방법이다. 연기 성분 중 알데히드, 페놀, 알코올류, 산류는 보존료로서 역할을 하며, 이 외에 폴리페놀류, cresol, guaiacol는 항산화제로서, 휘발성 알코올류와 지방산은 향기 성분으로 작용하며, 이외에 식품 색에도 영향을 주는 것으로 알려져 있다. 주로 건조 소시지, 햄, 베이컨, 생선 등에 사용한다.

방법으로는 30～80℃에서 3～4일 동안 하는 온훈법, 10～30℃에서 1～3주 동안 하는 냉훈법 등이 있으나 훈연 조성을 쉽게 조절하고, 급속히 할 수 있는 액훈법(liquid smoke method)을 사용하기도 한다.

## 2.5 기타 항균물질

질산 나트륨($NaNO_3$)이나 아질산 나트륨($NaNO_2$)은 소시지나 햄 등의 염장(curing) 육제품에서 nitrosomyoglobin을 형성하고, 더 나아가 열에 의해 dinitrosyl ferrohemochrome이라는 선분홍색의 색소가 만들어짐으로써 색의 고정을 위하여 사용되나, 한편으로는 항균 물질이기도 하다. 특히 육제품과의 가열 시 Perigo factor로 알려진 물질들이 생성되며, 이는 포자(spore)의 억제 효과가 있는 것으로 알려져 있다. 사용 농도는 0.02% 농도로 pH 5.0～5.5에서 사용되며, 특히 *Clostridium botulinum*의 생육을 억제한다. 그러나 조리 시 2차 아민이 있는 경우 그림 18-13과 같은 기작으로 발암물질인 nitrosamine류의 형성 가능성이 있어 문제시되고 있다.

$$R_2NH_2 + HONO \xrightarrow{H^+} R_2N - NO + 2H_2O$$

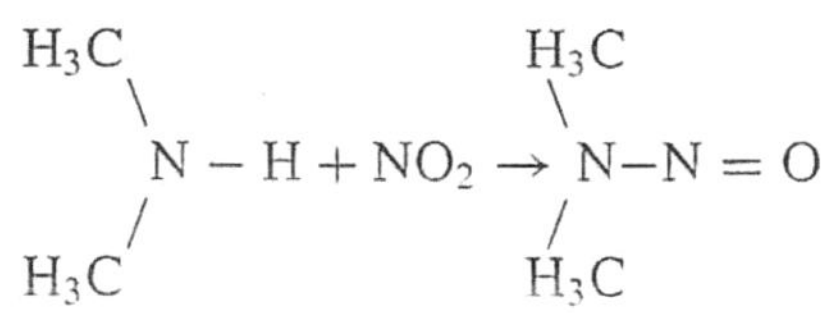

그림 18-13. 2차 아민과의 결합으로 형성된 nitroamine류와 예로서 dimethylamine에 의한 N-nitrosodimethylamine의 형성

이산화 황(sulphur dioxide)은 식품 저장 중 갈변화를 방지할 뿐만 아니라 건포도 가공 등 과일제품 가공에 0.02～0.03% 농도로 사용된다. 과거에 많이 사용되었으나 현재 인체에 천식을 유도하는 등 기도의 자극성으로 인하여 현재는 사용이 점차 줄어들고 있다.

Glycerol monolaurate(일명 monolaurin)은 fatty acid ester로서 그람 양성균에 대한 항균효과 있는 물질이다. 항균효과는 영양세포(vegetative cells)보다 포자(spore)가 더욱 민감하며, 주로 다른 유기산과 혼합하여 사용한다(그림 18-14). 특히 EDTA 첨가는 그 적용 범위가 더 넓어 그람 음성균에도 유효한 것으로 알려져 있다.

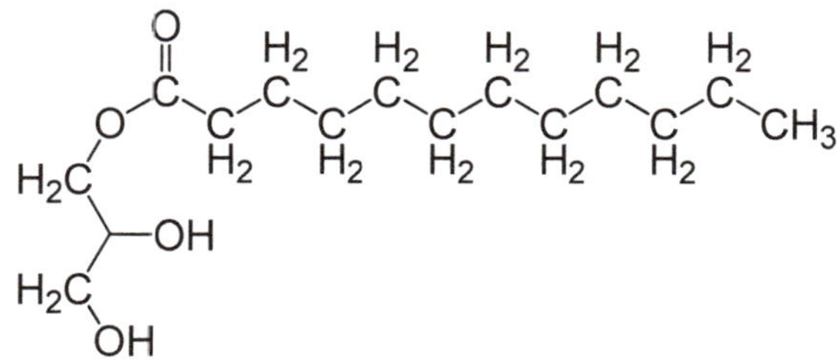

그림 18-14. Monolaurin

Dimethyl dicarbonate(DMDC)는 무색의 액상으로서 물에 대한 용해도는 3.6% 정도이다. 주로 효모의 항균작용으로 사용되며, 30~400 ㎍/mL에서는 세균에서도 유효하나 곰팡이는 내성이 큰 것으로 알려져 있다. 주로 lactate- 또는 alcohol-dehydrogenase의 활성부위에 존재하는 histidine(His)과 결합하여 효소를 불활성화 시킨다(그림 18-15).

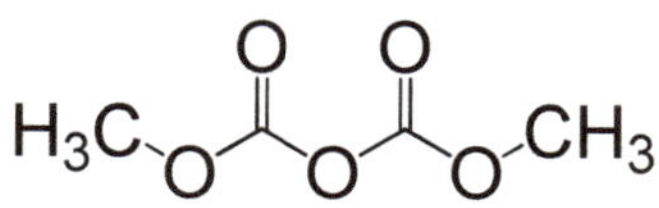

그림 18-15. Dimethyl dicarbonate(DMDC)

## 3. 생물학적 방법

### 3.1 박테리오신(bacteriocin)

미생물이 생산하는 항균효과를 갖는 oligopeptide로서 독성이 없으며, 대부분 식품의 향미에 영향을 주지 않으면서 열에 안정적이고, 소화효소에 쉽게 가수분해 된다는 이점을 가지고 있다. 일반적으로 그람 음성균보다는 양성균에 대하여 효과적이다. 특히 포자를 형성하는 균에 대하여 발아에 저해 작용을 한다. 박테리오신은 세포막의 손상을 초래하여 세포 내의 아미노산, ATP, metal ion 등의 유출을 초래함으로써 항균 작용을 하는 것으로 알려져 있다.

대표적인 박테리오신의 예로 nisin 및 subtilin을 들 수 있으며, 전자는 유산균인 *Lactococcus lactis*가 생산하는 물질이고(그림 18-16, 18-17), 후자는 *Bacillus subtilis*가 생산하는 박테리오신이다. 이들 분자 구조에는 dehydroalanine(Dha), dehydrobutyrine(Dhb), lanthionine(Ala-S-Ala) 및 methyl lanthionine(Aba-S-Ala) 등의 특이한 아미노산이 존재하며, lanthionine ring

이 함유되어 있어 lantibiotics로 일컫는다. 치즈 등 낙농제품이나 pH가 낮은 캔 제품에 적용된다. 특히, Paik 등(2006)은 장조림 제조에서 nisin 처리 시 냉온성균, 혐기성균 등의 생육이 억제되었다고 보고하였다.

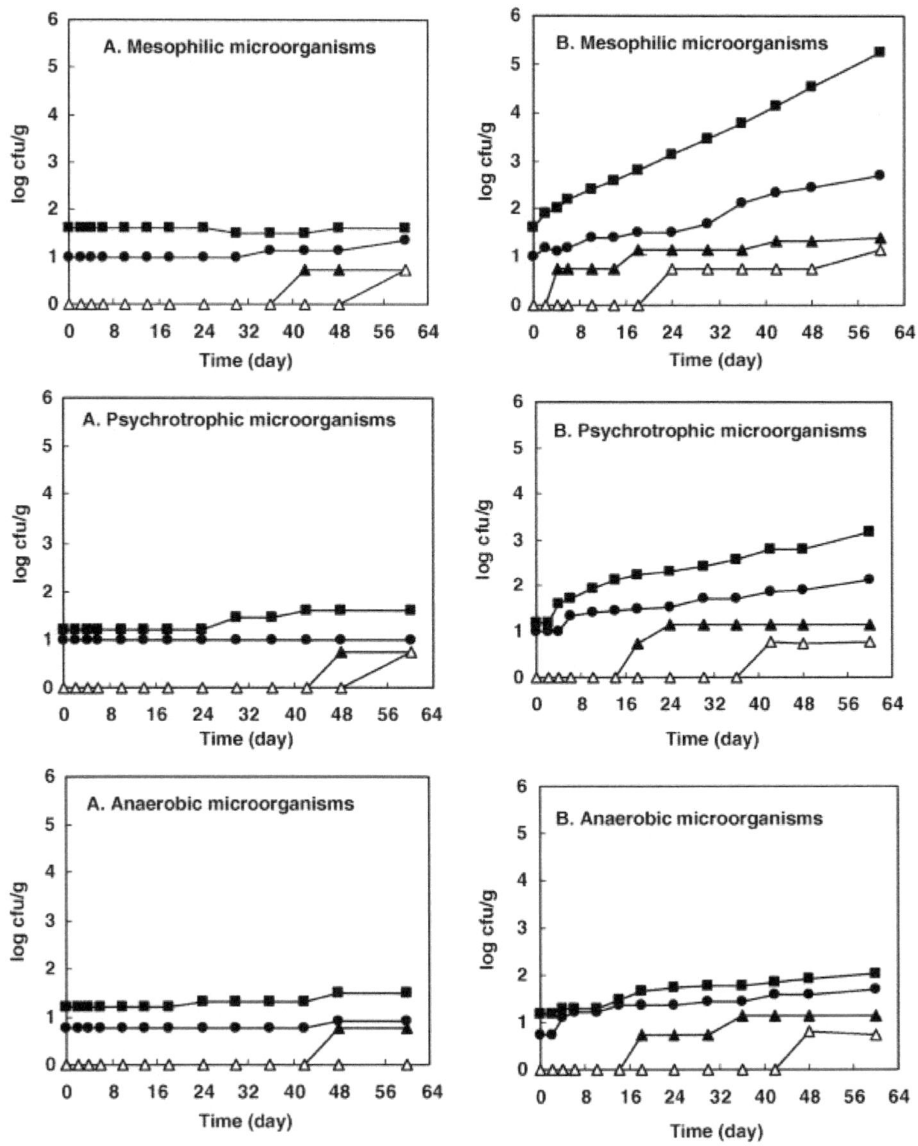


그림 18-16. The behavior of microorganisms in the absence or presence of nisin in *sous vide* processed beef products during storage at (A) 4℃ and (B) 25℃.

Control packages(●), packages inoculated with *Bacillus cereus* and *Clostridium perfringens*(■), packages inoculated with *Bacillus cereus*, *Clostridium perfringens*, and nisin 100 IU(▲), packages inoculated with *Bacillus cereus*, *Clostridium perfringens*, and nisin 500 IU(△) (Paik et al., 2006).

Pediocin-like bacteriocins은 *Pediococcus acidilactici* 에 의하여 생산되는 20개의 아미노산으로 이루어져 있는 열에 안정한 단백질이다. 특히 육가공 제품에서 *Listeria monocytogenes* 에 대한 정균 효과가 nisin 보다 우수하나 *Clostridium*에는 비교적 약한 것으로 알려져 있다. 이 group에는 pediocin PA-1, pediocin AcH, sakacin A 및 P, leucocin A, bavaricin MN, curvacin A 등이 있다(그림 18-18).

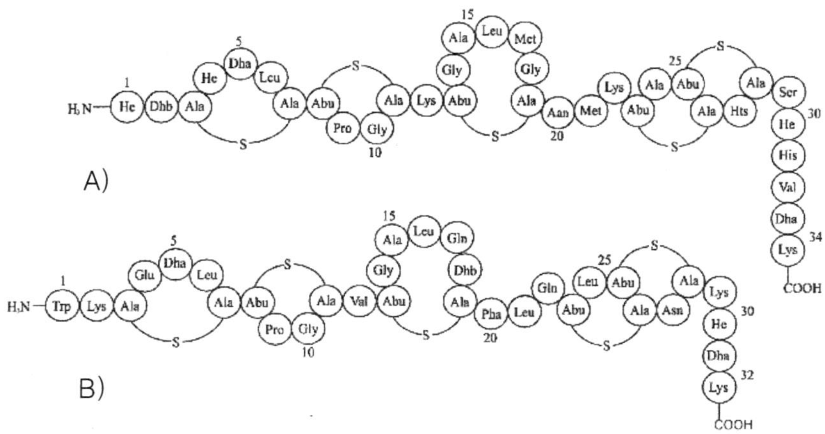

그림 18-17. 대표적인 bacteriocin

(A: nisin B: subtilin)

(출처: Jay et al., 2005)

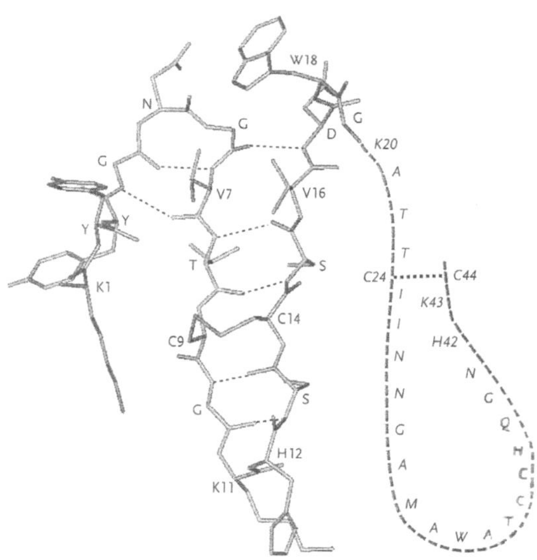

그림 18-18. Pediocin PA-1의 구조

(출처: Matthews et al., 2017)

Polylysine은 25～30개의 lysine으로 이루어진 단백질로서 일본에서 *Streptomyces albulus*에 의하여 산업적으로 생산되며, 100 ㎍/mL의 농도에서 그람 양성균과 음성균, 곰팡이, 효모뿐만 아니라 박테리오파지(bacteriophage)에도 항균 효과가 있는 것으로 알려져 있다(그림 18-19).

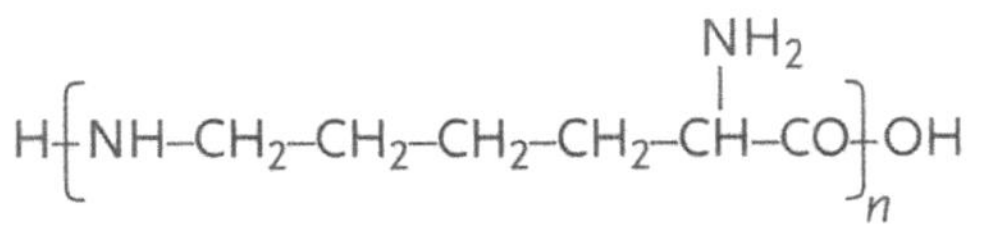

그림 18-19. Polylysine의 구조

## 3.2 락토페린

락토페린(lactoferrin)은 철을 함유하는 76.5 kDa의 당단백질로서 점막과 혈청에서 작용한다. 우유 특히 초유에 많이 함유되어 있으며, 철(Fe)의 농도가 낮을 때 항균작용이 높게 나타난다. 주로 그람 음성보다는 양성에 유효하다. 락토페린은 가장 강력한 항바이러스, 항균성 물질로 자연상태에서는 젖소의 초유와 사람의 초유에만 들어 있다.

락토페린은 철분을 화합하고 유리하는 중요한 기능을 갖고 있다. 세균 번식에는 철분이 절대적으로 필요한데, 이때 락토페린은 흡수된 철분과 결합함으로써 세균 번식에 필요한 철분 공급을 차단하게 된다. 이 외에도 인체에서는 결합한 철분은 적혈구에게 유리시키므로 체내 모든 세포에 산소를 공급하는 촉매작용을 겸한다.

락토페린은 체내에서 항균, 염증 방지, 위염 예방 작용을 하며, 면역글로블린과 보호기능을 가진 단백질과 함께 국소적 분비성 면역기관 상승작용을 일으킨다. 또한, 조직 내에서의 항산화 단백질과 철분의 결합을 유도하거나 임파구와 장관세포와 같은 동물세포의 성장을 촉진시킨다.

락토페린은 면역글로블린보다 강력한 항균작용을 한다. 면역글로블린, 락토페린, 락토페린-철분 결합물 등을 대상으로 자동 항균력에서 모두 세균의 발육, 증식을 억제하는 정균 활동을 하는 것으로 밝혀졌다. 락토페린은 직접 세균에 작용하여 세균을 파괴하고 혹은 세균막을 뚫고 침투하여 체내의 자연 면역 기능에 따라 세균을 중화시킨다. 임파구, 단핵세포, 대식세포, 혈소판과 같은 대부분의 면역세포에서 락토페린 친화 수용체가 발견된다.

초유에 함유된 과산화효소, 락토페린과 면역글로블린 A(IgA)가 병합하면 뛰어난 항균 효과를 보인다. 과산화효소는 과산화수소를 방출하여 해로운 병원균을 가수분해하고 산화시키므로 제거한다. 1995년 Harmsen 박사의 시험관을 이용한 연구 결과 락트페린의 중요성이 입증된 바 있다. 즉 락토페린은 인간의 몸에 있는 에이즈 바이러스와 헤르페스 바이러스를 파괴할 수 있다.

그는 젖소 혹은 인간의 초유에 함유된 순수 자연 성분의 락토페린만 있으면 헤르페스 바이러스를 완전히 퇴치할 수 있고, 합성되지 않은 순수 자연 성분의 락토페린만이 에이즈 바이러스의 번식을 차단할 수 있다고 밝혔다. 락토페린은 바이러스를 흡수하여 제거함으로써 바이러스가 세포벽을 뚫고 들어가 다른 곳으로 전이되지 못하도록 차단하는 역할을 한다.

또한, 락토페린은 강력한 항산화제 역할도 한다. 최근 연구에 의하면 락토페린에는 항염물질이 있어 안질환 감염을 예방하고, 칸디다균을 죽이는 항균제 역할도 하며, 항 바이러스성 활동을 통해 헤르페스, 에이즈 만성 피로증후군 등을 치료하고 예방하며, 자폐증과 뇌 손상의 치료에도 탁월한 효과를 나타낸다고 알려져 있다.

## 3.3 라이소자임

라이소자임(lysozyme)은 14.6 kDa의 단백질로서 계란의 흰자, 포유동물의 우유, 눈물 등의 분비물 등에 존재하며, 천연 보존료로서 산업적으로는 달걀 흰자에서 추출된다. 특히 alkaline pH에서 달걀 내의 오보트랜스페린(ovotransferrin) 및 오보뮤코이드(ovomucoid)의 존재 하에 활성이 촉진된다.

효소의 최적 조건은 55～60℃이며, 균체의 세포벽을 이루는 펩티도글리칸(peptidoglycan)을 가수분해하여 hypotonic 용액에서 균체가 붕괴된다. 살균 작용은 주로 그람 양성균에 유효하다.

## 3.4 키토산

키토산(chitosan)은 키틴(chitin)을 탈아세틸화하여 수용성을 높인 고분자 물질이다. 키틴은 절지동물(곤충 및 갑각류)의 겉껍질 골격은 키틴으로 구성되어 있으며, 키틴의 반복단위는 포도당에서 유도되는 물질인 N-acetyl-D-glucosamine이다(그림 18-20). 질소함유 고분자 탄수화물로 곰팡이 균사의 구성 성분으로 산업적으로는 게나 새우 등 갑각류 껍데기의 주요 구성 성분인 키틴으로부터 얻어진다.

양이온을 띠므로 세포막의 음이온과 결합하여 세포막의 손상으로 transport system의 이상을 초래하거나 균체 생육에 필요한 미네랄이나 영양분의 킬레이팅(chelating) 효과로 항균 작용을 하는 것으로 알려 있다. 분자 내 $-NH_3^+$로 인하여 양전자를 갖고 균체막과 결합하여 항균 작용을 한다. 그람 양성균보다는 그람 음성균에 유효하다.

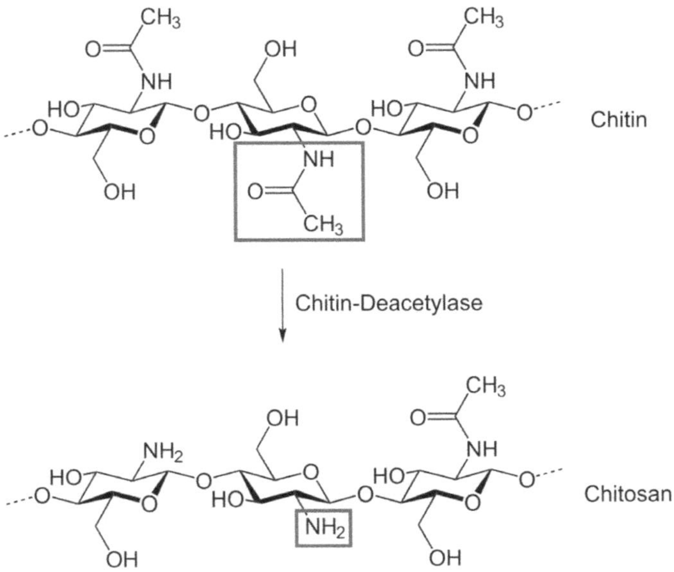


그림 18-20. 키틴(chitin)과 키토산(chitosan)

## 3.5 천연 페놀계 화합물

폴리페놀(polyphenol)이란 분자 하나에 하이드록시 기(hydroxy group)를 여러 개 가지고 있는 페놀이다. 식물에서 주로 발견되는 화합물의 하나이다. 페놀은 벤젠($C_6H_6$)의 수소원자 하나가 하이드록시 기(-OH)로 바뀐 물질이다. 그 중 하이드록시 기를 2개 이상 가지고 있으면 폴리페놀이라 한다. 폴리페놀의 폴리(poly-)는 '수가 많은, 다중의' 라는 뜻이다.

페놀계 화합물(phenolic compounds) 즉, 식물체에 존재하는 monophenol(예, *p*-cresol), diphenol(예, hydroquinone), triphenol(예, gallic acid), phenolic acids, hydroxycinnamic acids(예, caffeic acid, *p*-coumaric acid, ferulic acid) 및 카테킨(catechin) 등이 있으며, 특히 열매의 표피나 곡식, 꽃잎, 열매 등에 존재하는 플라본(flavones), 플라보놀(flavonols)과 같은 플라보노이드(flavonoids, 그림 18-21) 및 그 배당체들도 항균 작용이 있는 것으로 알려져 있다.

페놀계 화합물의 항균 작용의 기작은 균체의 생리적 특성에 따라 다르지만 주로 균체의 세포막 손상으로 인한 영양분이나 미네랄의 유출이며, 또한 세포 내 효소의 활성을 직접 저해하기도 한다.

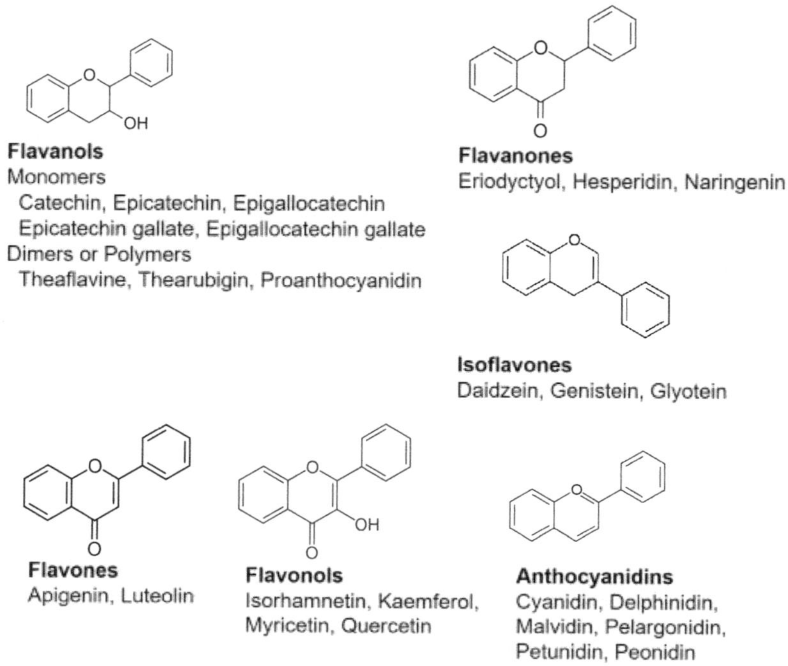


그림 18-21. 플라보노이드(flavonoid)의 종류

# 제 19 장

# 식품 부패와 미생물

## 1. 식품 성분의 변질

### 1.1 탄수화물

과일의 펙틴(pectin)은 미생물이 생산하는 pectin esterase에 의해 galacturonic acid를 만들며, 이때 관여되는 미생물은 *Bacillus polymyxa*, 야채나 과일의 soft rot을 일으키는 *Erwinia carotovora, Penicillium citricum* 등이 있다. 셀룰로오스(cellulose)는 *Bacillus polymyxa, Penicillium* spp.에 의해 생산되는 cellulase에 의해 포도당 및 xylose로 가수분해 된다. Corn syrup에 존재하는 maltose는 미생물에 의해 젖산이 생성되어 신맛이 느껴지며, 에탄올도 만들어진다.

우유의 유당(lactose)은 유산균에 의해 젖산, 에탄올, butyric acid, 프로피온산 등이 만들어진다. 김치 내에 존재하는 설탕은 *Leuconoctoc mensenteroides* 에 의해 점질성의 dextran(slime)이 형성되어 점도가 증가하며, invertase에 의해 포도당과 과당으로 가수분해 되기도 한다. 과당은 *Bacillus megaterium*에 의해 고분자인 levan이 형성된다. 주류에서 에탄올은 초산균에 의하여 초산이 만들어지기도 한다.

### 1.2 지 질

지질은 곰팡이인 *Penicillium roqueforti* 이나 효모인 *Candida lipolytica* 에 의해 산화가 촉진되기도 한다. 즉, 미생물의 lipase에 의해 triglyceride의 ester bond가 가수분해 되어 유리 지방산이 되고, 이에 산패가 더욱 수월하게 일어난다. 예를 들면 blue cheese에서 산패의 결과로 단쇄지방산(short chain fatty acid, SCFA)은 종이 냄새가 나며, 장쇄지방산인 경우는 비누 냄새가 난다.

### 1.3 단백질

단백질은 미생물에서 유래하는 protease에 의해 가수분해되어 아미노산이 되고, 더욱 분해되어 여러 가지 아민류가 만들어지며, 암모니아 가스 및 황화수소 가스가 생긴다. 각 아미노산에서 유래되는 아민류는 다음과 같다.

Lys → cadaverine by decarboxylase
Orn, Arg → putrescine by decarboxylase
Trp → skatole(indole) by tryptophanase
Cys → $H_2S$
His → histamine(scombroid poison) by decarboxylase
Tyr → tyramine
Trimethylamine-N-oxide(TMAO) → trimethylamine(TMA)

## 2. 식품의 부패 미생물

육류에서는 호기적 조건에서 *Acinetobacter* 및 *Moraxella* 에 의해 점액이 형성되며, *Serratia marcesens*에 의해 붉은 반점이 형성되고, *Cladosporidium herbarum*에 의해 검은 반점이 형성된다. 또한 곰팡이인 *Thamnidium*에 의해 육 표면에 흰색의 균사체가 형성되기도 한다.

달걀인 경우는 *Proteus* spp.에 의해 검은 반점과 황화수소가 생성되고, 심한 악취가 난다. 또한 *Citrobacter* 에 흰자에서 실 모양의 물질이 형성되고, 과일 향이 나기도 한다. *Pseudomonas* spp.에 오염되면 신맛이 나며, 푸른색의 형광물질이 형성된다.

어류에서는 바닷물일 때 그람 음성균이 양성균보다 우세하게 하므로 어류에서는 오염균 이외에 그람 음성의 병원성균도 쉽게 발견되어진다. 농산물 중 채소는 세균과 곰팡이가 우세하며, 과일에서는 곰팡이, 효모가 우세한 편이다. 곡류는 곰팡이가 우세하다. 맥주는 부패하면 유산균이나 초산균에 의해 신맛을 느껴지며, 사탕은 설탕이 *Saccharomyces cerevisiae*의 invertase에 의해 포도당 및 과당으로 분해된다.

다음 표 19-1은 각 식품에 따라 발견되는 주요 미생물이다.

표 19-1. 식품 종류에 따라 검출되는 미생물

| 종 류 | 주요 균종 |
|---|---|
| 유제품 | *Lactobacillus, Streptococcus, Microbacterium, Achromobacter, Pseudomonas, Flavobacterim, Bacillus,* etc. |
| 신선육 | *Acinetobacter / Moraxella, Achromobacter, Lactobacillus, Staphylococcus, Cladosporidium, Pseudomonas, Micrococcus, Serratia marcesens* (red spot), *Thamnidium,* etc. |
| 가금류 | *Achromobacter, Flavobacterim, Pseudomonas, Proteus, Micrococcus, Penicillium, Salmonella, Citrobacter,* etc. |
| 육제품 | *Lactobacillus, Staphylococcus, Streptococcus, Pseudomonas, Micrococcus, Penicillium,* etc. |
| 어 류 | *Achromobacter, Pseudomonas, Flavobacterim, Micrococcus, Vibrio,* etc. |
| 야채류 | *Penicillium, Rhizopus, Lactobacillus, Pseudomonas, Flavobacterim,* etc. |
| 과일류 | *Saccharomyces, Torulopsis, Lactobacillus, Rhizopus, Penicillium,* etc. |
| 곡 류 | *Bacillus, Fusarium, Aspergillus, Rhizopus,* etc. |

# 제 20 장

# 식품유래 병원성 미생물

식품에 존재하는 병원성 미생물은 균체 및 생산하는 독소에 의해 인체 질병을 일으키며, 정도에 따라 위험도에 따른 병원성 균주 또는 독소의 종류는 표 20-1과 같다.

## 1. 세균성 식중독

### 1.1 *Salmonella* 식중독

*Salmonella*는 Enterobacteriaceae에 속하는 균으로서 국내에서는 1~2위를 차지하는 대표적 세균성 식중독균이다. 1885년 Salmon과 Smith에 의해서 돼지 cholera로부터 처음으로 분리되었고, 1887년에 Gartner에 의해서 인체 식중독균으로 가장 발견된 이래 혈청학적으로 약 2,500여 종이 있는 것으로 알려져 있으나 이들 중 식중독균으로는 *Salmonella* Enteritidis와 *Salmonella* Typhimurium이 알려져 있다.

$10^3$ 이상의 균수로 발병되며, 잠복기는 12~24시간 정도이다. 주요 증상으로는 구토, 메스꺼움, 복통, 설사, 발열이 있고, 특히 물 같은 설사와 때로는 녹색을 띠거나 점액 변이나 점혈 변일 때가 있어 마치 이질과 흡사하다. 최고의 발열은 후반에서 나타나는데 3~5일 정도 주 증상이 있고, 1주일이면 대개 회복된다.

원인 식품으로는 육류, 우유, 달걀 등이며, 일본에서는 어패류와 그 가공품에서도 발견되어진다. *Salmonella*의 선택배지로는 selenite cysteine(SC) broth, *Salmonella-Shigella*(SS) agar, xylose lysine deoxycholate(XLD) agar 등이 있다.

표 20-1. 증상에 대한 위험도에 따른 식품 유래 병원균 또는 독소

| 위 험 도 | 병원성 균주 또는 독소 |
|---|---|
| I. 일반적인 사람에게 치명적인 위험군 | • Enterohemorrhagic *E. coli*<br>• *Shigella dysenteriae* I<br>• *Salmonella enterica* serovars Typhi and Paratyphi<br>• *Vibrio cholerae* O1<br>• *Brucella abortus, Brucella suis, Brucella melitensis*<br>• Botulinal neurotoxin |
| II. 특정 사람(예: 노약자, 임산부 등)에게 치명적인 위험군 | • Hepatitis A virus<br>• *Vibrio vulnificus*<br>• *Listeria monocytogenes*<br>• Enterotoxigenic *E. coli*<br>• *Cryptosporidium parvum*<br>• *Campylobacter jejuni* serovar O19<br>• *Enterobacter sakazakii* (*Cronobacter* sp.) |
| III. 치명적이지는 않지만 질병을 유발하는 위험군 | • *Yersinia enterocolitica*<br>• *Cyclospora cayetanensis*<br>• *Salmonella enterica* serovar Enteritidis<br>• *Shigella flexneri*<br>• *Cryptosporidium parvum*<br>• Ochratoxin A |
| IV. 일반적으로 증상이 비교적 가벼운 군 | • *Bacillus cereus*<br>• *Clostridium perfringens*<br>• Staphylococcal enterotoxins (*Staphylococcus aureus*)<br>• *Vibrio cholerae*, non-O1<br>• *Vibrio parahaemolyticus*<br>• Biogenic amines (e.g, histamine) |

## 1.2 *Vibrio* 식중독

세균성 식중독균으로서 그람 음성의 comma 형태의 간균으로 운동성이 있는 편성 혐기성이며 3% 염에서도 잘 성장하는 균이다. 주요 균으로는 *V. cholerae, V. parahaemolyticus, V. vulnificus, V. mimicus* 등이 있으며, 특히 *V. parahaemolyticus*는 호염성균으로 Fujino에 의하여 1950년 마른 멸

치에 의한 식중독균으로 처음으로 분리되어 *Pasteurella parahaemolytica*로 명명된 세균이었다.

발육 속도는 세대시간이 10~12분 정도로 빠른 편이며, 장내 독소를 생산한다. 균체는 열에 비교적 약하여 60℃, 15분이면 사멸된다. 증상은 10~18시간 정도 잠복기 후에 상복부의 격렬한 통증을 느끼며, 발열과 함께 구토, 메스꺼움 등이 있다. 특히 물 같은 설사를 하며, 점혈 변이나 점액 변이 있으며, 경과는 2~3일 정도이다. 또한 패혈증을 수반하는 *V. vulnificus*는 치사율이 40~50%로 높은 편이며, 어패류와 피부의 상처로 감염되는 것으로 알려져 있다.

### 1.3 *Shigella* 식중독

*Shigella* 균은 Enterobacteriaceae에 속하는 세균성 식중독균으로, 그람 음성 간균으로 편성 혐기성균이다. 운동성은 없으며, 중온성 균으로 유당(젖당)을 이용하지 못한다. Shiga toxin이라는 장내 독소를 생산한다.

대표적 균주로는 *S. dysenteriae, S. flexneri, S. sonnei* 등이 있다. 10마리로도 발병이 가능하며, 증상으로는 혈변, 점액성 혈변, 구토, 메스꺼움, 발열, 경련, 두통, 대장에서 궤양을 일으키기도 한다. 원인 식품으로는 샐러드 등을 들 수 있다.

### 1.4 *E. coli* 식중독

*Escherichia coli*는 Enterobacteriaceae에 속하는 균으로, 그람 음성 간균으로 편성 혐기성균이다. 대부분 병원성이 없는 것으로 알려져 왔으나 1945년 Bray가 유아 식중독 원인균이 *E. coli*로 판명되어 병원성 대장균을 혈청학적으로 구분하게 되었다.

(1) Enteropathogenic *E. coli*(EPEC): 유아에게 설사를 유발시키는 감염성 세균으로 장내 독소는 생산하지 않고 장내 정착하여 장내 점막을 손상시킨다.

(2) Enteroinvasive *E. coli*(EIEC): *Escherichia coli* O124로 알려져 있다. 이질 환자에게서 분리되며, *Shigella dysenteriae* O3의 독소와 유사한 독소를 생산한다. 증상은 묽은 설사, 혈변, 경련, 발열, 대장의 궤양을 들 수 있다. 동물에서는 발견되지 않는다.

(3) Enterotoxigenic *E. coli*(ETEC): Traveller's diarrhea라고도 하며, 증상으로는 쌀뜨물과 같은 설사를 한다. 장내 독소를 생산하며, 열에 안정한 독소(heat stable toxin, ST)와 cholera 독소와 유사하고, 열에 약한 독소(heat labile toxin, LT)를 생산한다.

(4) Enterohemorragic *E. coli*(EHEC): *Escherichia coli* O157:H7이 대표적이나 이 외에 O18, O26:H11, O111:H8 등이 있으며, LT와 ST는 생산하지 않으나 장관 및 신장 손상을 초래하는 verotoxin을 생산하는 것이 특징이다. 잠복기는 2~7일이고, 증상은 초기에는 감기 증상과 유사하나 출혈성 대장염으로 혈변, 신장 장해를 일으키며, 특히 노인이나 어린이에게 용혈성 요독증 증후군(hemolytic uremic syndrome, HUS)이 발병되는 것이 특징이다. 주요 원인 식품으로는 햄버거, 햄 등의 육가공 제품과 우유, 치즈 등의 낙농 제품이 있다.

## 1.5 *Yersinia* 식중독

*Yersinia enterocolitica*는 Enterobacteriaceae에 속하며, 그람 음성의 통성혐기성 간균이다. 30℃ 이하에서 주모성 편모를 갖는 냉온성균으로 열에 안정한 장내 독소를 생산하기도 한다. 초기에는 돼지의 장염균으로 알려져 있었으나 1960년대 이후에 인체에 발병한다는 보고된 이래로 식중독균으로 인식되었다.

식물이나 물을 통하여 감염되며, 잠복기는 2~3일으로 비교적 긴 편이다. 증상으로는 복통, 발열, 위장염, 설사 등이 있으나 회장 말단에 염증을 유발하여 마치 맹장염과 같은 증상을 유발하는 것이 특징이다. 0.5% 수산화칼륨으로 15초 간 처리에 내성을 가지므로 균의 동정에 이용하기도 한다.

## 1.6 *Campylobacter* 식중독

*Campylobacter*는 Enterobacteriaceae에 속하며, 원래 가축 등의 유산과 설사를 유발하는 수인성 세균으로 알려져 왔으나 인체에도 병원성이 있음이 알려져 새로운 세균성 식중독균으로 주목받고 있다. 종류로는 *C. jejuni* 및 *C. coli*가 있으나 전자가 특히 더 알려져 있다. *Campylobacter* 균은 냉온성(psychrotroph)이자 미호기성(micro-aerophilic)균이며, comma 또는 갈매기 모양으로 corkscrew와 같은 운동성을 갖는다.

Cholera toxin과 같은 장내 독소를 생산하며, 주 원인 식품으로는 우유 및 낙농 제품, 육가공 식품 등이 있으며, 증상으로는 구토, 궤양에 의한 혈변 설사, 복통, 발열 등이 있다.

# 2. 독소형 식중독

## 2.1 *Staphylococcus* 식중독

황색포도상 구균(*Staphylococcus aureus*)은 대표적인 독소형 식중독균으로 1884년 식중독 원인 식품이었던 치즈에서 처음 발견되었다. 그람 양성이며 편성 혐기성균이다. 환경에 비교적 강하여 15% NaCl 또는 0.86(Aw)에서도 생육할 수 있다.

장내 독소를 생산하는 균주는 mannitol을 분해하고, coagulase 및 열에 안정한 nuclease를 생산하는 것이 특징이며, 독소는 구토형 독소로 내열성이다. 8종류(A, B, $C_1$, $C_2$, $C_3$, D, E, H)가 있으며, 이 중 A type이 가장 빈번히 일어난다. 이 독소는 trypsin, chymotypsin, papain 등과 같은 단백질 분해효소에 안정하고 내열성이 강하여 100℃에서 1시간 가열하여도 안정하다.

생산의 최적 조건은 pH 6.8~7.2이고, 식염 농도가 10% 이상이면 생산되지 않는다. 온도는 16~43℃에서 독소를 생산하지만 낮은 온도일수록 생산이 시작하는 시간이 길다. 즉, 6℃ 이하에서는 4주, 9℃에서는 7일 이내에 독소가 생산되기 시작한다. 독성은 비교적 강하여 몇 ㎍ 만 섭취하여도 발병을 한다. 잠복기는 1~6시간 정도로 비교적 짧고, 증상으로는 침 분비 증가, 극심한 복통, 물 같은 설사 등이 있으며, 발열은 없다.

원인 식품으로는 유제품, 육가공 제품 및 전분질이 많이 있는 복합조리 식품에서 흔히 발견되어진다. 특히 인체에 콧구멍, 목구멍, 손톱 등에 존재하며, 비위생적인 조리 때문에 식품에 오염된다. 선택배지로는 Baird-Parker agar가 있다.

## 2.2 Welchii 균 식중독

Welchii 균은 *Clostridium perfringens* 라고 한다. 인체 내에서 내열성의 아포를 형성하며, 독소를 생산하는 균으로 세균성과 독소형의 성격을 가지고 있다. 균은 그람 양성으로 편성 혐기성이다. 유당을 발효시켜 가스를 형성하며, 발육 최적 조건은 43~47℃로 비교적 높고, 분열 속도도 10~12분으로 비교적 빠르다.

Welchii 균는 독소의 종류와 특성에 따라 A~F의 6형으로 나누어지며, 식중독의 주요 원인균은 A형과 C형이 있으나 전자가 가장 흔하다. 독소는 분자량이 35 kDa 정도이고, 가열이나 산에는 약하다. 증상은 비교적 가벼운 편이며, *Bacillus cereus* toxin과 유사하다. 잠복기는 8~22시간으로 복통과 물 같은 설사이며, 초기에 복부 팽만감이 있을 수 있다.

주요 원인 식품으로 야채, 육가공품이 있으며, 선택배지로는 tryptose sulfite cycloserine(TSC) agar를 사용하며, 배지 내에 함유하는 sulfite는 검은색의 sulfide로 환원되어 다른 균과 구별할 수 있다.

## 2.3 *Botulinus* 균 식중독

*Clostridium botulinum*은 18~19세기 유럽에서 소시지에서 처음 발견되어졌다. 균은 그람 양성으로 아포를 생산하는 편성 혐기성 간균으로 주모성 편모가 있어 운동성이 있다. 독소는 분자량이 약 150 kDa 정도의 2개의 subunit로 이루어진 peptide이다. 균의 종류는 면역학적으로는 7가지(A, B, C, D, E, F, G)가 있으며, 인체에는 A, B, E~G형 균이고, C와 D는 가축이나 야생동물에게 식중독을 유발한다.

독소는 pepsin, trysin, chymotrypsin 등의 단백질 가수분해효소에 안정하나 열에 대하여는 비교적 약한 편이어서 80℃에서 15분 가열하면 활성을 잃는다. 독소는 신경독으로 acetylcholine의 분해를 저해하여 마비 증상을 일으킨다. 증상으로는 발열, 구토, 변비, 피로함이 있으며, 특이하게는 시력 저하, 광선에 대한 반응 지연, 목구멍 부위의 마비, 복부 팽만, 사지 마비, 호흡 마비 등이 있다.

독성이 매우 강하여 복어독의 1,000배 정도이며, 치사율이 30~80%로 매우 높다. 원인 식품으로는 과일이나 채소의 병조림, 어류나 육류 훈제품 및 병조림, 통조림 등이 있다.

## 2.4 *Cereus* 균 식중독

*Bacillus cereus*는 1950년 Hauge에 의해 식중독균으로 처음 발견된 이후 유럽 중심으로 많은 발병 보고가 있다. *Bacillus cereus*는 그람 양성의 간균으로 아포를 생산하며, 주모성 편모가 있는 통성 혐기성균이다. 내열성이 있으며, 장내 독소를 생산하는 독소형 식중독균이다.

장내 독소는 두 가지로서 *C. perfringens*와 같이 설사 및 발열을 유발하는 설사형 독소가 있으며, 주로 야채나 육류에서 유래된다. 또 하나는 전분이 많은 식품에서 유발되는 것으로 *S. aureus*의 독소와 유사한 증상으로 설사 이외에 메스꺼움과 구토를 유발하는 구토형 독소가 있다. 선택배지로는 mannitol-egg yolk-polymyxin(MYP) agar가 있다.

## 3. 기 타

*Listeria monocytogenes* 는 초기에 토끼, 돼지 등 가축에서 발견되어진 수인성 병원성균이었으나 현재 인체에도 발병 원인균으로서 보고되고 있고, 식중독균이라기보다 인수공통 감염 세균이다. 이 균은 백혈구에 침투하여 바이러스처럼 증식하고, cell to cell로 퍼져나가는 특성이 있다. 그람 양성 간균이며, 상온에서 운동성을 갖고 냉온성균이다. 열에 매우 내성이 강한 것으로 알려져 있으며, 열을 가하면 heat shock proteins(HSP)을 분비하여 균체를 보호하는 것으로 알려져 있다.

균체는 혈청학적으로 분류하고 있으며 serotype 1 및 serotype 4b가 널리 알려져 있는데, 특히 4b가 낙농 제품에서 더욱 흔하게 발견되어진다. 독성으로는 균체에서 생산된 listeriolysin O(LLO)에 의해 hemolysis를 일으키며, 주로 면역력이 약한 임산부, 노인, 유아에게 치명적이다. 특히 임산부인 경우 사산아 출산, 유산 등이 있다.

증상으로는 초기에는 감기와 같은 증상이며 패혈증, 뇌수막염, 간 농양, 뇌염 등이 있다. 원인 식품으로는 우유 및 치즈, 아이스크림 등의 낙농 가공식품, 소시지 등의 육가공 식품, 채소 등이 있다. 선택배지로는 McBride Listeria agar가 있다. Esculin을 가수분해하여 검은색의 콜로니가 형성되어 타 균주와 구별하는 데 사용되어진다.

# 제 21 장

# 곰팡이 독소

곰팡이는 세균보다 넓은 범위의 온도와 pH, 낮은 Aw에서 생육할 수 있다. 따라서 곡식 수확 후 장시간 저장 시 세균보다는 곰팡이에 의한 독소로 식중독 발병이 쉽게 일어난다.

## 1. 아플라톡신(aflatoxin)

아플라톡신은 *Aspergillus flavus*가 생산하는 독소로서 1960년 영국에서 칠면조의 집단 중독으로 급성 간장 장해를 일으킨 원인 물질로 알려지게 되었다. 이후 균 이름에서 aflatoxin이라고 하였다. 현재 아플라톡신의 생산균은 *A. flavus* 이외에 *Aspergillus parasiticus*에 속하는 일부 곰팡이가 있으며, 그 분포는 일반적으로 열대나 아열대 지방에서 아주 높고, 온대 지방에서는 극히 낮다.

아플라톡신 생산은 식품의 수분이 16% 이상, 상대습도는 80~85% 이상, 온도는 25~30℃이며, 밤낮의 기온 차가 클 때 최대가 된다. 식품으로는 탄수화물이 많은 식품이며, 특히 땅콩은 토양 속의 곰팡이와의 접촉 빈도가 높아 대표적인 농작물로 꼽힌다. 그러나 상대습도를 83%로 낮출 경우에는 아플라톡신이 생산되지 않는다. 아플라톡신은 모두 강산, 강알칼리에 의하여 쉽게 분해되지만, 열에 대해서는 안정하여 270~280℃ 이상으로 가열하여야 분해된다.

아플라톡신의 유도체는 자외선을 쪼일 때 청색 형광을 띠는 $B_1$과 $B_2$, 녹색의 형광을 띠는 $G_1$과 $G_2$, 또한 자색의 형광을 띠는 $M_1$과 $M_2$ 등을 포함하여 10여 종이 알려져 있다(그림 21-1).

아플라톡신의 급성 독성은 $B_1 > M_1 > G_1 > M_2 > B_2 > G_2$ 순이며, 치사량 이하의 아플라톡신을 수 주일 간 동물에게 투여하면 심한 간장 장해를 나타낸다. 장기 투여 시 아플라톡신은 강한 발암성이 있어서 쥐에게 간암을 유발하는데, 그 기작은 아플라톡신이 간장 내의 microsome에서 여러 대사에 의해 반응성이 큰 epoxide 체로 전환되고, 이것이 염색체 DNA와 공유결합을 함으로써 DNA 합성을 억제하기 때문이라고 알려져 있다.

아플라톡신 독성은 현재 포유동물, 새류, 물고기류 등 여러 가지 동물에게 가장 강력하게 발암성을 갖는 물질로서 dimethylnitrosamine의 3,750배 높은 것으로 알려져 있다.

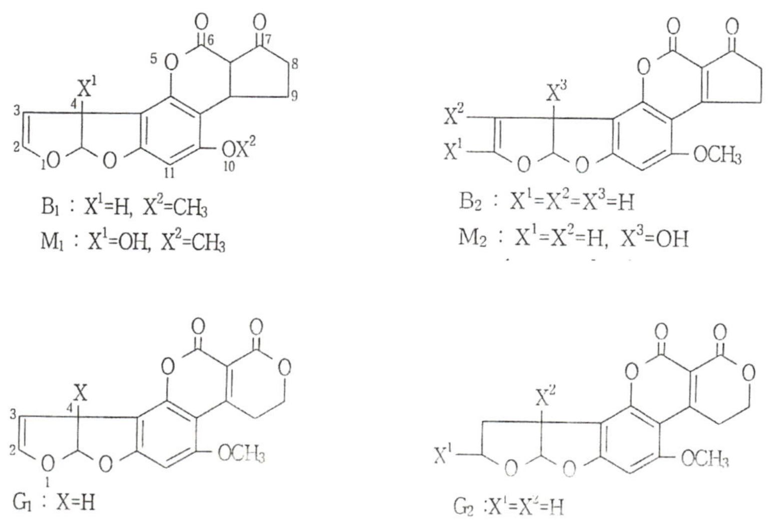


그림 21-1. 아플라톡신의 종류
(출처: 문범수 외, 2015)

## 2. Sterigmatocystin

1954년에 *Aspergillus versicolor* 의 2차대사 생산물로 분리되었다. 분자구조는 아플라톡신과 비슷하나 용해도가 낮아 급성 독성은 약한 편이며, 쥐에게 만성 중독에서 간암을 유발한다(그림 21-2).

이 독소는 아플라톡신과 마찬가지로 생체 내에서 epoxide 체로 전환되어 발암성을 나타내며 그 독성은 아플라톡신보다 1/200 정도이다. *A. versicolor* 는 그 분포가 비교적 넓고, 특히 곡류에서의 검출률이 높으며, 비교적 낮은 온도에서도 번식할 수 있다.

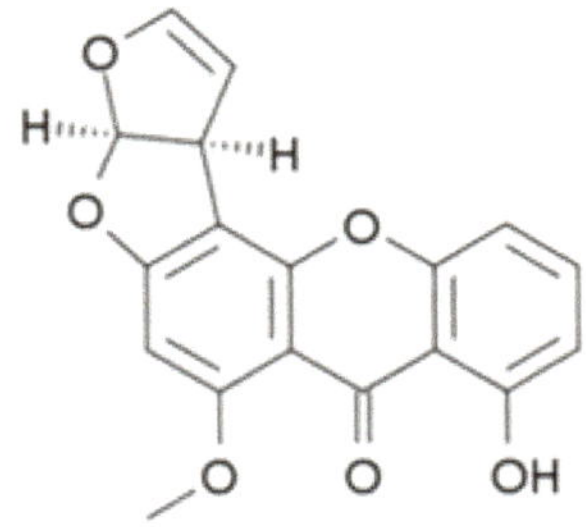

그림 21-2. Sterigmatocystin의 구조

## 3. Ochratoxin

Ochratoxin은 *Aspergillus ochraceus*가 생산하는 대사물질로서 A, B, C의 세 종류가 알려져 있으며, 이 중에서 A의 독성이 가장 강해서 쥐에 대한 급성독성 $LD_{50}$이 2.2 mg/kg(경구)이고, 주로 간장과 신장 장해를 일으킨다(그림 21-3).

Ochratoxin의 생산 곰팡이는 널리 분포되어 있고, 사람의 중독 예는 아직 보고된 것이 없으며, 그 장해 증상도 발칸반도 지역의 유행성 신염의 원인물질로 추정되고 있는 정도이고, 아직 불명확한 실정이다.

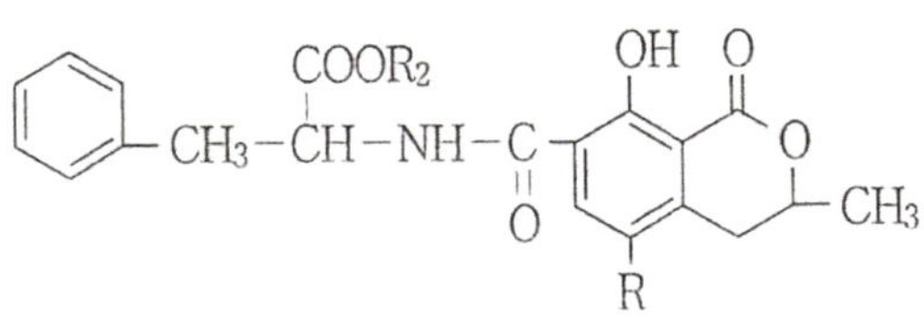

A : $R_1$=Cl $R_2$=H

B : $R_1$=H $R_2$=H

C : $R_1$=Cl $R_2$=$C_2H_5$

그림 21-3. Ochratoxin의 구조
(출처: 문범수 외, 2015)

## 4. 황변미독

14% 이상의 수분함량의 쌀에 *Penicllium* 속의 곰팡이가 오염 번식하면 쌀이 황색으로 변질되는데, 이를 황변미라고 한다. 이때 곰팡이의 대사산물인 황변미독이 함유되어 인체를 질병을 초래한다. 황변미는 동남아시아 산에서 많이 발생하며, 지역 및 *Penicillium* spp.에 따라 현재 3가지 종이 알려져 있다(그림 21-4).

*Penicillium toxicarium*(일명 *Penicillioum citreoviride*)에 의한 toxicarium 황변미는 citreoviridin에 의한 것으로 신경 독소이며, 척추의 운동신경 마비 및 호흡 장해를 일으킨다. *Penicillium islandicum*에 의한 islandia 황변미는 luteoskyrin, islanditoxin 및 cyclochrorotin에 의한 것으로 간 손상 및 간경변, *Penicillium citrinum*에 의한 Thai 황변미는 citrinin에 의한 것으로 신장증(nephrosis)를 유발한다.

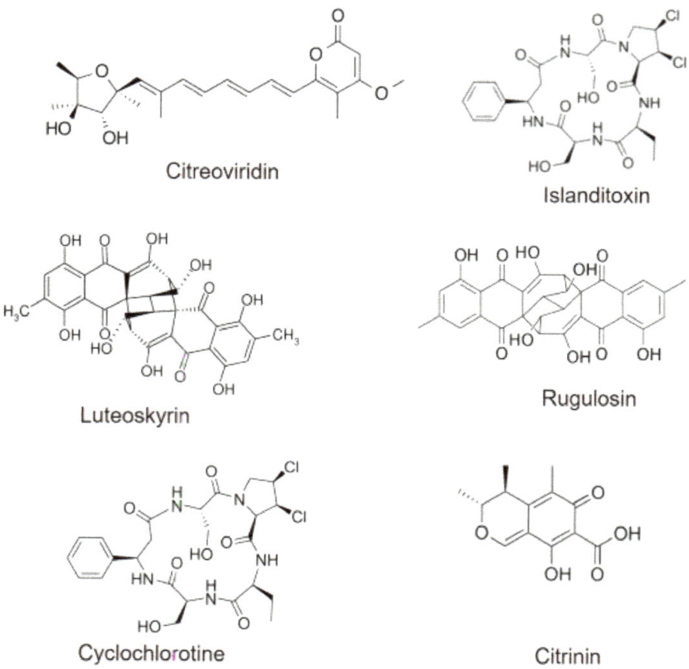


그림 21-4. 황변미독의 종류 및 각각의 구조

(출처: https://en.wikipedia.org)

## 5. Patulin

*Penicillium patulum, P. expansum, P. lapidosum, Aspergillus clavatus, Byssochlamys nivea* 등의 대사생산물이며, 1954년 일본에서 발생한 젖소의 집단중독 사건의 원인 물질이기도 하다(그림 21-5).

세계적으로 널리 분포하며, 특히 *P. patulum, A. clavatus*는 쌀, 밀 등의 식품에서 빈도가 높고 *P. lapidosum*과 *B. nivea* 내열성이 강하여 통조림 등에서 발견되어진다. Patulin은 신경독이고 쥐에 대한 경구 $LD_{50}$는 35 mg/kg 이며, 이외에도 뇌 및 중추신경계에 출혈반이 발견되어진다.

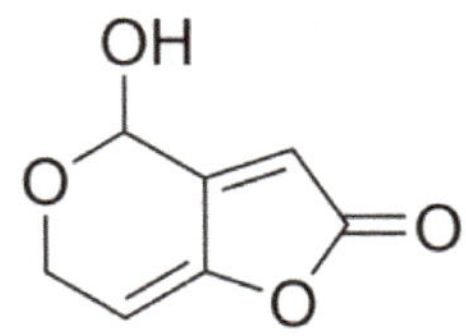

그림 21-5. Patulin의 구조

## 6. 식중독성 무백혈구증

식중독성 무백혈구증(Alimentary toxic aleukia, ATA)은 *Fusarium*속 곰팡이의 대사산물에 의한 중독증으로 1994년 소련에서 중독자 중 38~80%의 사망률을 기록하였다. 원인으로는 낮은 온도(7℃) 부근의 저온에서도 번식하는 *Fusarium poae, F. sporotrichioides, Cladosporium epiphyllum* 등이 생산하는 T-2 mycotoxin이 오염된 수수, 보리, 밀 등의 곡류이었다(그림 21-6).

중독 증상은 메스꺼움, 구토, 설사 등이 있으며, 중증인 때에는 경련과 심부전증을 일으키고, 더 나아가 백혈구의 감소, 피부의 출혈반, 패혈증 및 골수 등의 조혈 기능이 손상되어 사망한다.

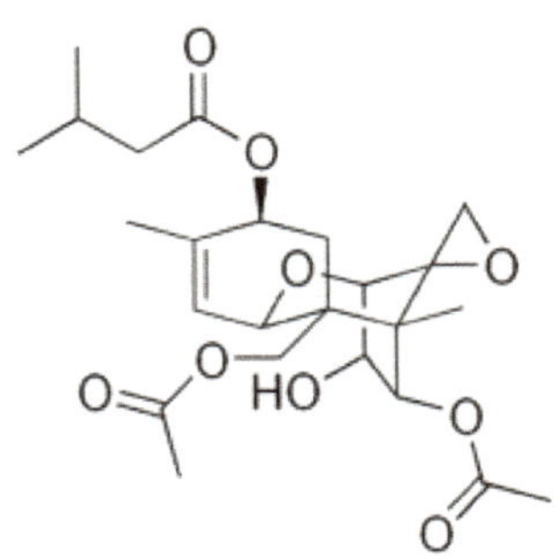

그림 21-6. T-2 mycotoxin의 분자 구조

## 7. Zearalenone

*Fusarium graminearum*의 대사산물로서 일명 F-2 toxin이라고도 한다(그림 21-7). 가축, 특히 돼지의 중독사고의 원인 물질이며 미국, 호주, 프랑스 등에서 곰팡이에 오염된 보리나 옥수수에 의해서 일어난다.

가축인 경우 생식기 이상을 가져와 음부의 종창, 유방과 자궁의 비대 등의 외성기 이상 증상을 나타내어 FES(fermentation estrogenic substance)라고도 한다. 면양인 경우 1 mg을 투여하면 성장 촉진을 한다는 보고도 있다.

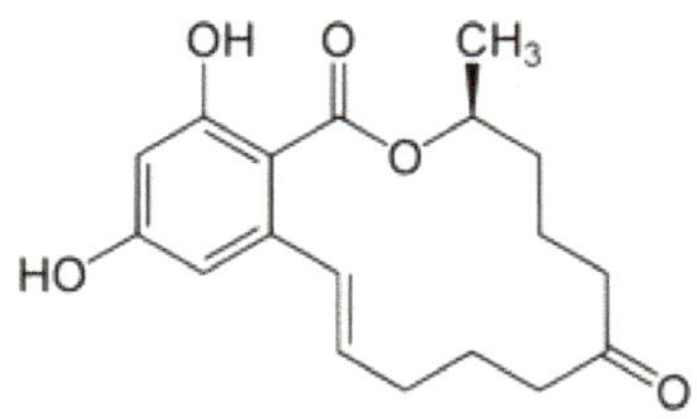

그림 21-7. Zearalenone의 분자 구조

## 8. 맥각독

라이밀, 밀, 보리에 오염된 *Claviceps purpurea*의 혹자색의 맥각(ergot)을 섭취하면 중독을 일으킨다. 맥각 중독 증상으로는 교감신경 차단 및 여성인 경우는 자궁 수축 작용이 있으며, 곡류 중에 맥각이 0.5% 이상 함유되면 중독 증상을 보이고, 7% 정도이면 치명적이다.

급성중독 증상으로 구토, 설사, 복통, 두통, 사지의 작렬감, 지각 이상, 경련을 일으키고, 임신부는 조산 또는 유산이 있으며, 만성중독에는 괴저를 일으키거나 경련 발작을 일으킨다. 이에 따라 외국에서는 곡류 중의 맥각 혼입률을 소련은 0.15%, 캐나다는 0.2%, 미국은 0.3% 이하로 규제하고 있다.

# 제 22 장

# 바이러스

현재까지 바이러스(virus)에 의한 식품의 식중독은 많이 알려져 있지 않았다. 그 이유는 첫째 절대적인 기생성인 바이러스를 배양에 있어서 세균과 곰팡이 경우와 같은 배양법으로는 번식하지 못한다는 것이며, 현재 바이러스를 위한 방법으로 조직 배양이나 병아리 태아 기술을 이용하고 있다. 둘째, 바이러스는 식품에서는 번식하지 않는 것이다. 이 때문에 바이러스의 수는 세균의 수보다 상대적으로 낮게 나타날 수 있으므로 정확한 분석을 위하여 분리 및 농축 등 전처리가 필요하다. 마지막으로, 식품미생물 학자에게 커다란 관심을 갖고 있는 바이러스 모두가 기존 방법만으로 배양될 수 있는 것은 아니다.

살균 방법은 바이러스의 종류 및 특성에 따라 다르며, 가열이나 자외선 처리 또는 염소 등의 화학적 처리가 알려져 있으며, 동결방법은 바람직 못하다.

## 1. 바이러스성 간염

간염 바이러스는 single strand를 가지고 있고, 종류로는 A, B, C, D, E형이 알려져 있는데 주로 문제시 되는 것은 A형과 B형이다. 감염 경로로 보면 환자의 분변, 인후 분비물, 혈액 및 이에 오염된 식품을 통한 경구 감염이 있다.

A형은 산에는 비교적 안정하지만 100℃에서 5분 동안 열처리하면 불활성화 된다. 증상으로는 발열 증상과 피로, 식욕 부진, 오심, 구토, 황달, 설사 등이 있으며, 1~2개월 후 회복되고 후유증도 적은 편이다. B형은 열과 건조에 대한 저항력이 크고, 소독제도 그 효과가 낮은 편이다. 잠복기는 20~40일 정도이고, 초기 증상으로는 발열, 두통, 위장 장해가 있으며, 이어 황달

증상을 보이는데 3～4주 정도 지속된다. 2～6주 후 치유되지만 후에 간경변이 유발될 수도 있다. 고령자는 사망률이 높다.

## 2. 노로 바이러스

노로 바이러스(norovirus)는 1968년 미국 오하이오주의 Norwalk에서 처음 발견되어 Norwalk virus라고 불리기도 한다. 국내에서는 1999년에 처음으로 보고된 이래 2000～2006년 집단 식중독 증상 조사결과 바이러스 감염형이 전체 식중독 병원체의 18.9%를 차지하는 것으로 밝혀져 문제 시 되고 있다.

이 바이러스의 형태는 1972년에 전자현미경을 통하여 처음 구형임이 밝혀져 현재 소형 구형 바이러스(small round structured virus, SRSV)로 분류되고 있다. 유전학적으로 Norwalk형과 Sapporo형으로 나누어지며, 비 세균성 급성위장염을 일으킨다.

노로 바이러스는 Calicivirus군의 일종이며, 직경이 27 nm 정도이고 single stand RNA로 구성되며, 외피는 없으나 산, 가열, 에테르, 10 ppm의 염소수, 저온, 동결에도 내성이 있다. 인체 외에서는 번식할 수 없고, 10～100개의 바이러스로도 발병이 가능하고, 2차 감염을 통하여 집단 식중독을 유발할 수 있다. 증상으로는 1～2일의 잠복기를 거쳐 오심, 구토, 복통, 설사 등의 급성 위장염 증상을 일으키는데, 어린이에서는 구토, 어른들에서는 설사가 많이 나타난다. 증상은 수일 후 자연 회복되며, 계절적으로 볼 때 겨울에 가장 많이 나타난다.

## 3. 로타 바이러스

로타 바이러스(rotavirus)는 Reoviridae과에 속하며, 70 nm 크기로 double strand RNA를 포함하고 있다. 주로 분변-구강 경로로 감염되는데 호주에서 1973년에 처음 보고되었다. 이 바이러스는 총 6그룹으로 나누어지며, 그 중 3그룹은 인간에 대한 전염성이 있는 것으로 알려져 있다. Group A는 세계적으로 유아와 어린이들에게 일반적으로 발생하고, 그룹 B는 주로 중국에서 발견되는데 성인에게 설사를 유발한다.

로타 바이러스의 감염은 설사 증상을 갖는 5세 미만 어린이 환자의 약 1/3

을 차지하고 있으며, 주로 겨울에 가장 많이 발생한다. 잠복기는 2일 정도이고, 구토 설사를 유발하나 때때로 복통과 열을 동반할 수 있다. 주로 물을 통하여 전파되는데, 1981년 미국 콜로라도 주에서 식수 때문에 128명 중 44%가 식중독 증상이 나타난 사례가 있다.

## 4. 코로나 바이러스

### 4.1 역사 및 명명

코로나 바이러스(coronavirus)는 1937년 닭에서 최초로 발견되었고, 조류뿐만 아니라 소, 개, 돼지, 사람 등을 감염시킬 수 있다. 감기와 같은 호흡기 질환 및 소화기 질환을 일으키는 RNA 바이러스로 위험성이 높지 않았다. 그러나 2019년 말 처음 중국 우한에서 처음 발병한 신종 코로나 바이러스는 매우 치명적인 것으로 나타나 이를 우한 신종 코로나 바이러스로 불리워지다가 WHO에서 특정 지역에 대한 혐오 표현이나 불안감 등을 막기 위해서 'COVID-19(coronavirus disease)', 'COVID-19 virus'라고 명명하기도 하였다. 그러나 정식 명칭은 2002년 유행한 사스와 친척 관계에 있는 바이러스라고 하여 'SARS-CoV-2(Severe Acute Respiratory Syndrome-Coronavirus-2)'로 불리워진다.

지금까지 코로나 바이러스는 2003년 사스(SARS, Severe Acute Respiratory Syndrome, 중증 급성호흡기 증후군)와 2015년 메르스(MERS, Middle East Respiratory Syndrome, 중동 호흡기 증후군) 등 단 여섯 종만이 사람에게 감염되는 것으로 알려져 있었으나, 최근에 발생한 바이러스는 과거 알려진 코로나 바이러스와는 성질이 달라 신종 코로나 바이러스로 분류되었다. 이 바이러스는 현미경으로 관찰했을 때 코로나(원 둘레에 방사형으로 빛이 퍼지는 형태) 모양이라서 붙여진 이름이다.

### 4.2 감염 경로

기침이나 재채기를 할 때 발생하는 비말이 다른 사람의 코, 입, 눈에 닿아 직접 전염될 수 있으며, 또한 간접적으로 감염된 사람 주변의 물체의 표면에 의해 감염되고, 감염자의 손을 만진 후 자신의 입, 코, 눈을 만질 경우에 감염될 수 있다. 이때 각기 다른 물체의 표면에서 COVID-19 바이러스의 생존을 평가한 결과, COVID-19 바이러스는 플라스틱과 스테인리스에서 최대 72

시간, 구리에서는 최대 4시간, 그리고 판지에서는 최대 24시간까지 생존할 수 있다고 보고하고 있다.

가령 오염된 문손잡이를 만지거나 다른 사람과 악수를 한 다음 본인의 얼굴을 만질 때 감염될 수 있다. COVID-19 유전물질(RNA)이 COVID-19에 감염된 환자의 분변 검체에서 분리되었지만, 분변-구강 전염과 관련된 보고나 증거는 없다. 그러나 화장실을 사용한 후 손을 씻는 것은 식품 취급 시 필수적인 습관이다.

## 4.3 증 상

코로나-19에 감염되면 2~3일에서 최장 2주 정도 잠복기를 거쳤다가 다양한 증상이 나타나는데 주로 무기력감, 37.5℃ 이상의 고열, 기침, 인후통, 가래, 근육통, 두통, 호흡 곤란, 폐렴 등의 증상이 발생한다. 특히 폐 손상에 따른 호흡 부전으로 심하면 사망에 이를 수도 있다.

여행 후 14일 이내에 37.5℃ 이상의 발열, 기침, 인후통 등의 호흡기 증상이 있는 경우 코로나-19를 의심할 수 있다. 확진은 유전자(PCR) 검사를 시행하여 진단하며, 환자와 밀접하게 접촉한 사람이 14일 이내에 발열과 호흡기 증상이 나타나는 경우 감염을 의심할 수 있다.

## 4.4 치 료

현재까지 코로나-19에 대해 정립된 직접적인 치료법은 아직 확고하게 나오지 않아 주로 백신 접종을 통한 예방에 주력하고 있다. 최근의 코로나는 XXB변이(XBB 1.5, XBB 1.16, XBB 2.3 등)가 우세 종으로서 자리 잡아 번지고 있으며, 코로나 병증 외에도 일부 사람들에게 충혈 각막염 및 안구 가려움 병증이 추가로 나타난다.

현재 시판되고 있는 치료제로는 항바이러스제로 길리어드 사이언스 사의 베클루리주(Veklury), 화이자 사의 팍스로비드(Paxlobid), Merck 사의 라게브리오(Lagevrio)를 들 수 있다. 그러나 이 약품은 개인에 따라 부작용을 초래할 수 있는데, 예를 들면 팍스로비드인 경우는 간 기능 이상, 알레르기 반응, 심장 박동수의 변화 등이 있고, 라게브리오는 소화관 이상 증상, 현기증, 신장 기능 저하 등을 들 수 있다.

## 4.5 예방법

앞서 설명한 바와 같이 호흡기 증상이 있는 사람과의 밀접한 접촉을 피하고 사람 많이 모인 곳도 가급적 피하여야 한다. 손은 대부분의 감염병을 옮기는 매개체이므로 철저한 손 씻기가 가장 중요한 감염병 예방법이다. 사람의 분비물은 직접 튀는 경우보다 그 분비물이 어딘가에 묻었는데 손으로 만져서 몸으로 들어올 확률이 더 높다고 알려져 있다. 흐르는 물에 비누를 이용하여 30초 이상 손을 씻으면 바이러스를 다소 제거할 수 있다.

## 4.6 식품과 코로나 바이러스

코로나 바이러스의 식품을 통한 감염으로는 직접적인 사례가 많지 않으나 냉동식품을 통하여 유입된 사례가 있었다. WHO(국제보건기구) 연구에 따르면 코로나-19 바이러스의 상온 생존 기간은 최대 7일이나 냉동 상태(-20℃)에서는 무려 2～3개월이나 생존함을 확인하였다.

코로나 바이러스는 저온 상태에서는 매우 오랫동안 생존할 수 있다. 또한, 냉동식품이나 냉동 창고에 관련된 일을 하는 사람들이나 냉동식품이 시장에 출하되면 이를 원재료로 가공하는 사람들도 감염 가능성이 있다. 예를 들어 슈퍼마켓에서 팔리는 냉동 어패류나 육류는 분류작업을 하므로 작업 공정에서 감염될 위험이 크다. 또, 일반 소비자들도 구입한 냉동식품에 코로나 바이러스가 오염되어 있으면 조리할 때 감염될 수 있다(Rizou et al., 2020)

미국과 태국에서도 식품 가공 공장은 종업원들이 다수 감염되어 인력 부족으로 현장 가동률이 떨어진 예가 있다. 이러한 상황에서 무증상 감염자일지라도 업무를 장기간 지속하다 보면 식품의 바이러스에 의한 감염 가능성도 배제하지 않고 있다.

따라서 식품을 통한 코로나 바이러스 감염 방지를 위하여 수입 냉동식품인 경우, 검역소에 PCR 검사기기를 설치해 모니터링을 해야 할 것이다. 이를 위하여 검사방법 확정, 새로운 검사기기 정비, 식품 위생 감시원의 증원이 필수적이며, 이러한 일련의 과정은 시간이 소모될 뿐만 아니라 관련 법률로 인한 어려움이 있어 현재는 제대로 실현되지 못하는 실정이다.

# 제 23 장

# 미생물의 신속 검출 및 정량법

## 1. 물리적 방법

### 1.1 현미경 관찰법

직접적으로 균수를 측정하는 방법으로 신속한 측정 방법이다. 생균을 측정하기 위해서는 굳기 전의 agar와 균체 시료를 혼합한 후(균체 수가 많을 때 희석이 필요함) 한 방울(부피 약 0.033 mL)씩 슬라이드에 떨어뜨려 굳힌 다음 3~5시간 배양 후 현미경을 형성되는 콜로니를 관찰하는 방법으로 기존의 SPC 방법보다 매우 신속하다.

### 1.2 막 여과법

물이나 음료수에서의 균을 측정할 때 사용한다. 때에 따라 균체의 농축 효과가 있으며, 여과막은 0.22 또는 0.45 ㎛의 막을 사용하여 여과하며, 걸러진 막을 고체배지에 얹어 1~2일 배양 후 colony 수를 계수하는 것으로 비교적 간단하다. 이 방법은 생균수 만 측정 가능하다.

기기적인 방법으로는 wax grid가 있는 40×40 mm 크기의 hydrophobic grid membrane filter(HGMF)를 사용하여 여과 및 배양 후 기기를 통하여 콜로니를 계수하는 방법이 있다. 현미경 측정과 함께 응용된 방법으로서, 막 여과 후 indophenyl nitrophenyl tetrazolium(INT)로 처리하여 염색된 균체를 현미경으로 관찰하는 direct microscopic count(DMC)법과 막 여과 후 균체를 acridine orange로 염색하여 형광 현미경으로 관찰하는 direct epifluorescent filter technique(DEFT)가 있다.

### 1.3 Dye reduction 측정법

이 방법은 시료를 stomacher로 전 처리하여야 하며, 생균의 reductase에 의한 염색 시약의 변색을 관찰하는 방법으로 균수가 많을수록 변색 속도가 빠르며, 이때 소요시간으로 균수를 측정하는 방법이다.

사용되는 염색 시약은 methylene blue의 탈색이나 resazurin의 푸른색이 분홍색으로 변색 되는 것을 관찰한다. 가공되지 않은 생육(raw meat)에서는 사용할 수가 없다.

### 1.4 Roll tube 법

시료를 굳기 전의 agar 배지와 혼합한 후 병에 붓고 눕혀 굴리면서 벽 내부에 agar 배지가 골고루 피막으로 굳게 한 다음 배양하고, 콜로니를 계수하는 방법이다. 이 방법은 주로 혐기성균을 검출하는 데 사용한다.

### 1.5 기구 표면에서의 균 검출

시설 및 기구 등 표면에서의 미생물 검사에 이용하는 방법으로 다음과 같은 여러 가지 방법이 있다.

Swab rinse 법은 무균 솜을 일정 넓이의 표면에 문질러 균을 묻힌 다음 생리식염수에 담아 이를 SPC 방법으로 측정하는 방법이다.

Contact plate(replicate organism direct agar contact, RODAC)는 고체배지를 표면에 직접 닿게 하여 이를 배양하는 방법이다. 또한 이것을 응용하여 좀 더 편리한 방법으로서 휴대하기 편하고, 필요량만큼 잘라서 쓸 수 있는 agar syringe 또는 agar sausage 방법이 있다.

Stick film은 접착 tape와 유사한 Mylar®을 사용하며, 직접 표면에 붙였다 떼어서 이를 배양하는 방법이다.

### 1.6 표준 평판 계수법

표준 평판 계수법(standard plate count, SPC)은 건조한 한천 배지 표면에 생리식염수나 0.1% 펩톤수를 이용하여 여러 비율로 검체를 0.1 mL 정도 적가하여 골고루 도말하고, 일정 시간 배양시킨 후 형성되는 콜로니를 계수하는 방법이다. 이때의 콜로니수 단위는 colony forming unit(CFU)이고, 검체의 사용 부피를 환산하여 CFU/mL로 표시한다.

배지의 종류는 비 선택성 배지를 사용하고, 절대 호기성균은 빠르게 성장하나 미호기성 균은 느리게 성장할 수도 있다. 이 방법의 단점은 적정 콜로니 균수가 한천 배지에 40～400 CFU가 있어야 하므로 콜로니 수가 이 범주 안에 들도록 시료의 적정 희석이 필요하므로 인력, 초자기구 및 배지가 많이 소모된다는 것이다.

## 2. 기기적인 방법

### 2.1 Impedance 측정 방법

배양액의 전류의 저항 값의 감소 속도를 측정하는 방법이다. 즉, 미생물 배양 초기의 영양원들의 전류 저항 값은 큰 편이며, 미생물 생육에 따라 여러 가지 산화물이 생산되면서 저항의 값이 감소되며, 감소 속도는 초기의 균수에 반비례하며, 초기 균수가 클수록 저항 값의 감소 속도는 빨라진다(그림 23-1). 따라서 균체 수에 따르는 감소 속도에 대한 표준 곡선을 작성하고, 미지의 균수를 추론한다. 이 방법은 시료 10～100 cells/mL에서도 측정할 수 있고, 소요 시간은 약 7시간 정도 소비된다.

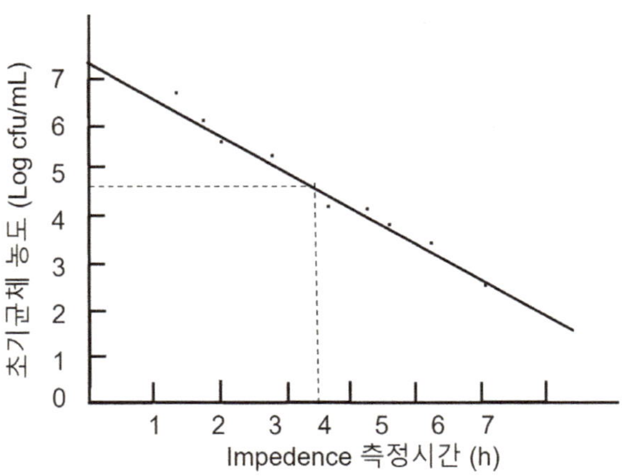


그림 23-1. Impedance 변화를 통한 균수 측정

### 2.2 Microcalorimetry

미생물의 성장에 따르는 열량의 증가를 측정하는 방법으로 Calvet instrument를 사용한다. 이 기기는 10 mL의 시료에서 0.01 cal/h까지 측정 가능하며, 효모나 캔 제품에서의 *Staphylococcus aureus*를 측정한 사례가 있다.

### 2.3 유동세포계수법(flow cytometry)

기기를 사용하는 방법으로 기기 내 microtube를 통과하는 균체의 수를 측정하는 방법이다. 이 방법은 한 줄기의 유체에 들어 있는 미립자를 세고, 조사하거나 구분하는 기법으로서 광학상의 혹은 전자적인 검출 방법을 통해 각각의 세포의 물리적·화학적 특징 등의 동시적인 여러 요소를 분석할 수 있게 한다.

유핵 상태의 입자나 세포가 흐름 상태에서 검출 영역을 지날 때 핵 내의 DNA 양의 분석이나 세포의 크기, 표면 항원, 내부 조성 등의 차이 또는 변화를 분석할 수 있다. 즉, 측정은 argon laser를 사용하며, 때에 따라 단백질은 isothiocyanate를 결합시키고, DNA는 propidium iodide을 처리하여 그 비로써 그람 음성균과 그람 양성균을 구별하여 측정할 수도 있다.

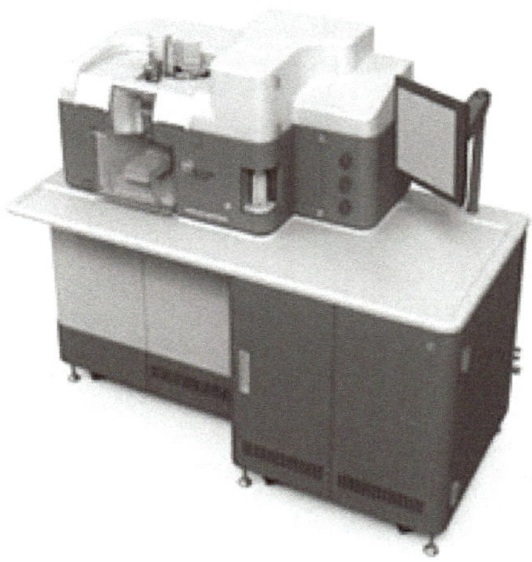

그림 23-2. Flow cytometry 기기

## 3. 화학적 방법

### 3.1 Thermostable nuclease

이 방법은 장 독소를 생산하는 *Staphylococcus aureus* 를 측정하는 방법으로 사용되고 있다. 이 방법에서 균수가 $10^5 \sim 10^6$ CFU/mL 정도면 측정할 수 있다. 이 효소는 열에 안정하기에 열처리 식품에서도 측정할 수 있고, 장내 독소를 측정하는 것보다 신속하고 낮은 농도에서 측정이 가능한 이점이 있다.

### 3.2 ATP 측정

균체 내의 대사물질은 균체 수와 비례하므로 이를 정량 분석함으로써 간접적으로 균체를 측정하는 방법이다. 대표적인 예로서 ATP 함량이 있으며, 그 농도는 약 $10^{-18} \sim 10^{-17}$ mole/cell이다. 이는 반딧불이의 발광물질인 luciferin과 luciferase를 함께 호기적 조건에서 아래와 같이 반응시켜 발생되는 형광을 ATP bioluminometer라는 일종의 비색계로 측정하는 방법이다.

$$\text{ATP} + O_2 + \text{Luciferin} \rightarrow \text{Oxyluciferin} + \text{AMP} + \text{PP}i + CO_2 + \text{light(562 nm)}$$

by luciferase in firefly

### 3.3 Radiometry

포도당은 미생물 대사에 매우 중요한 탄소원이다. 포도당 1 mole당 2 mole의 $CO_2$가 배출되며, 그 양은 균수에 비례한다는 원리에서 균수를 정량한다. 주로 $^{14}C$으로 labelling 된 포도당이나 균체의 생리적 특성에 따라서 $^{14}C$으로 labelling 된 formate 또는 glutamate를 사용하기도 한다. Bactec라는 기기를 사용하며, 기기 내 cell 안의 headspace에서 동위원소를 측정하여 균수를 예측한다.

### 3.4 형광 또는 발색기질 사용

균체 내 생산하는 효소의 반응으로 균체를 간접적으로 정량하는 방법이다. *E. coli*인 경우 이 방법에서 최소한 $10^7$ cells 정도 필요하다. 이 방법은 *E. coli*가 생산하는 $\beta$-D-glucuronidase 또는 $\beta$-galactosidase 등의 작용을 이용한다. 기질로는 4-methylumbelliferyl-$\beta$-D-glucuronide(MUG)를 사용하여 $\beta$-D-glucuronidase에 의해 분해 산물은 형광을 띠며, 366 nm에서 흡광도를 측정한다.

기질인 *o*-nitrophenyl-$\beta$-D-galactopyranoside(ONPG)는 균체에서 생산하는 $\beta$-galactosidase 효소반응에 의하여 발색하게 되며, 이를 420 nm에서 측정하게 된다. *Clostridium perfringens*인 경우는 phosphatase의 존재를 이용한 것으로, 기질로 4-methylumbelliferyl-phosphate(MUP)를 사용하여 측정한다.

### 3.5 Limulus lysate test

Limulus amoebocyte lysate(LAL) test는 투구게(*Limulus polyphemus*)의 hemolymph에 존재하는 amoebocyte의 lysate protein(일명, factor C)이 미생물 세포막에 존재하는 장 독소인 lipopolysaccharide(LPS)와 결합하여 coagulogen이 coagulin으로 되며, 젤을 형성한다는 것을 착안하여 농도별 적정하여 젤 형성 여부로 측정하는 방법으로, 감도가 매우 예민하다.

## 4. 면역학적인 방법

### 4.1 형광 항체(fluorescent antibody) 사용

이 방법은 비교적 오래된 방법으로 1942년에 개발되었다. 항체에 rhodamine B 또는 fluorescein isocyanate를 붙여 형광 현미경으로 관찰하는 방법이다.

### 4.2 증진 면역학적 방법(enrichment serology, ES)

*Salmonella*의 존재 여부를 측정하는 방법으로, 전통적인 동정법에 비하여 신속한 편이다. 방법으로는 증진배양 후 면역적인 방법으로 측정하는 것으로 1단계로 비선택성 배지에서 18시간 예비 증진배양(pre-enrichment culture)을 하며, 2단계는 24시간 동안 선택배지인 selenite cystine media에서 증진배양을 한다. 3단계에서는 8시간 동안 선택배지인 M broth에서 배양한 후 50℃에서 1시간 동안 H 항체의 존재 하에 정치하여 응고 현상을 관찰한다.

### 4.3 *Salmonella* 1-2 test

*Salmonella*의 존재 여부를 측정하는 방법으로, 균체의 편모(flagella)에 의한 운동성을 이용한 것으로, 막으로 격리된 두 개의 chamber로 이루어진 수기에 반 고형물(semi-solid)의 비선택성(A) 및 선택성 배지(B)를 각각 넣고, 선택성 배지에는 균체에 대한 항체도 포함한다.

시료는 A의 비선택성 배지에 주입되고, 일정 시간 후 균체가 B로 이동되면 항체와의 반응으로 응고 현상을 관찰하는 방법이다. 측정 시간은 약 8~12시간 정도 소요된다.

### 4.4 Radioimmunoassay(RIA)

Polypropylene 또는 polystyrene로 된 수지(resin)에 항원인 균체를 결합시키고, 동위원소로 labelling된 항체를 통과시켜 결합된 항체의 방사선을 측정하는 것으로, 정밀도는 기존의 면역확산법 보다 약 5~20배 정도 높다.

### 4.5 Enzyme-linked immunosorbent assay(ELISA)

ELISA은 RIA 방법과 매우 유사하며, 응용 기술이 다양하게 개발되어 있다. 예로서, 주로 polystyrene 재질의 microplate를 사용하며, 균체는 항원으로서 plate에 고정하고, 이에 대한 alkaline phosphatase나 horse raddish peroxidase가 결합된 항체를 이용하여 결합 여부는 각 효소의 기질 발색 정도를 흡광기기인 ELISA reader를 통하여 측정한다. 이 방법은 사균이 포함된 총 균수를 측정할 수 있다.

### 4.6 Gel diffusion법

Gel diffusion법은 정성적인 방법으로, 주로 장 독소를 측정하는 방법에 사용된다. 방법에는 test tube 상에서 항체가 포함된 agar 배지 위에 시료를 얹고 시간에 따라 확산되면서 항체와 응고되는 현상을 보는 Oudin 방법과 petri dish 상에 microwell에 시료 및 관심 물질(enterotoxin)에 대한 항체를 각각 넣고 시간에 따른 확산으로 정성적으로 관찰하는 Ouchterlony 방법이 있다.

### 4.7 Hemagglutination법

과잉의 항체와 항원인 장독소와 반응시키고, 잔존하는 항체는 양의 적혈구(sheep red blood cell, SRBC)와 응고 현상을 관찰하는 방법이다. 이 측정 방법에서는 항원의 농도는 일정하고, 항원의 농도는 단계별로 희석하여 응고되기 시작하는 현상을 관찰한다.

### 4.8 Serotyping

Gel diffusion 방법으로 하며, 주로 그람 음성균의 면역학적 분류에 적용된다. 항원으로 균체의 LPS로 할 경우 체세포 항체가 사용되며, 균주의 면역학적 표시에 O(ohne)라고 표시하며, 항원을 균체의 flagella로 할 경우는 H(hauch)로 표시한다.

## 5. 분자 생물학적인 방법

### 5.1 DNA probe

Cellulose acetate filter 상에서 restriction endonuclease로 처리된 균체의 DNA, mRNA, rRNA, plasmid DNA 조각을 single strand로 분해하고, 이를 $^{32}P$, $^{3}H$, $^{125}I$, $^{14}C$ 등 여러 가지 동위원소, alkaline phosphatase나 peroxidase 등의 enzyme 또는 형광물질로 labelling된 single strand nucleotide (probe)와 결합(hybridization)시켜 측정하는 방법으로, 최소한 $10^4$의 균수가 필요하다. 이때 probe는 약 20～50 bases 정도이며, 측정시간은 30～60분 정도 소요된다.

### 5.2 중합연쇄 반응(polymerase chain reaction, PCR)

이 방법은 1971년 K. Kleppe에 의하여 개발되었으며, 감염성 질병 관련 유전자의 검출 및 질병의 진단뿐만 아니라 법의학에서 특정인의 유전자 검출 및 유전질환 관련 유전자의 검출에도 쓰인다.

균체의 DNA를 95℃로 열 변성시켜 single strand DNA로 만들고, primer를 결합시킨 다음 DNA polymerase에 의하여 존재하는 염기들을 이용 반복하여 DNA의 수를 증폭해 나가는 방법이다. 즉, 특정 DNA 부위를 특이적으로 반복 합성하여 *in vitro* 상에서 원하는 DNA 분자를 수 시간 내에 증폭하는 것으로 아주 적은 양의 DNA라도 많은 양의 DNA 합성이 가능하다.

과정은 그림 23-3과 같이 이중가닥의 DNA의 표적의 이미 알고 있는 양끝 염기배열 정보로부터 상류와 하류의 DNA primer를 미리 합성하고, 내열성 DNA polymerase(Taq polymerase)와 온도 프로그램이 가능한 thermocycler라는 장비를 사용해 실시한다.

단계는 1 cycle 당 3단계로 이루어진다. 1단계는 90～96℃로 가열하여 DNA를 변성(denaturation)시켜 이중가닥 DNA를 단일가닥 DNA로 분리하되 온도가 너무 높으면 Taq DNA polymerase는 활성도가 낮아질 수 있다. 2단계는 primer를 결합(annealing) 단계로 50～56℃에서 진행되며, 프라이머가 분리된 단일가닥 DNA에 붙는다. 3단계는 DNA의 합성(polymerization) 단계로서 70～74℃에서 진행되며, 프라이머가 단백질을 합성하기 시작한다. 원하는 PCR 산물이 크거나 반응 효소의 농도가 낮을 때에는 시간을 연장시키기도 한다.

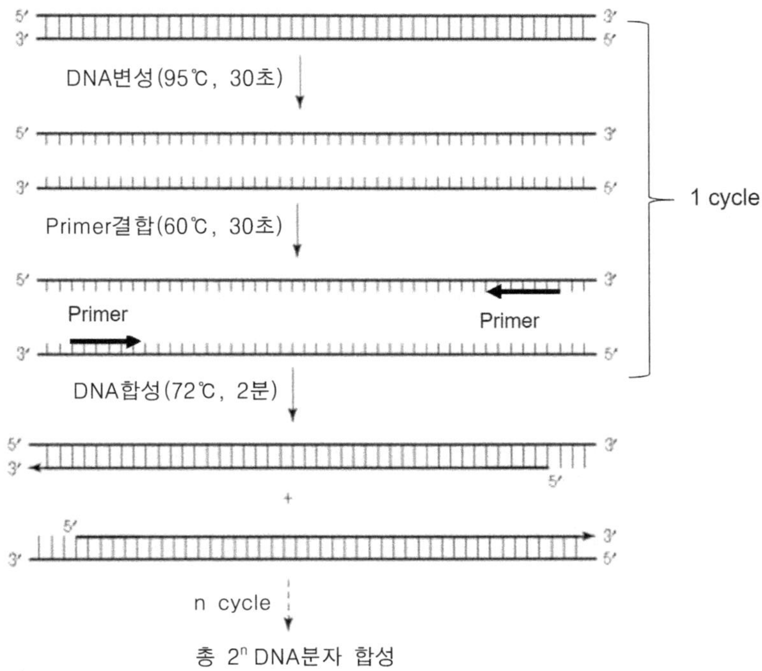


그림 23-3. PCR의 원리

이 세 가지 단계를 반복하여 원하는 만큼의 DNA를 증폭시키게 된다. 그러나 DNA는 균체 당 1개이며, 증폭 시간이 오래 걸리는 문제가 있다. 최근에는 rRNA를 사용하여 reverse transcriptase를 사용한 RT-PCR 방법이 널리 쓰이고 있다.

제 24 장

# 식품위생 지표 및 HACCP

## 1. 식품위생 검사를 위한 지표 미생물

식품위생 검사에서 지표 미생물(indicator organism)이란 식품 내에 그 세균의 존재 여부를 통해 식품의 위생 정도를 간접적으로 판단할 수 있는 것으로, 지표 미생물의 선정에 있어서 다음과 같은 조건을 만족하여야 한다.

① 쉽고 빠르게 검출되어야 한다.
② 식품 내 다른 미생물과 구별이 쉬워야 한다.
③ 지표 균의 존재는 병원성 미생물 존재와 연관성이 있어야 한다.
④ 병원성 미생물이 존재할 때 공존하여야 한다.
⑤ 생육속도가 병원성 미생물의 생육속도보다 같거나 빨라야 한다.
⑥ 사멸속도는 병원성 미생물보다 같거나 느려야 한다.

현재 사용 중인 지표 균주는 다음과 같다.

### 1.1 대장균군

대장균군(*E. coli* subgroup)은 그람 음성의 간균으로 유당(젖당)을 분해하여 산과 gas를 생산하는 호기성 또는 통성혐기성 세균으로 가장 많이 사용한다. Enterobacteriaceae과에 속하는 균들로 *Citrobacter, Enterobacter, Escherichia, Klebsiella* 등이 있다. 그 중 가장 중요한 것은 분변 대장균군의 존재 여부이다.

대장균군의 각 균의 특성은 IMViC test에서 생리적 특성이 다양하게 나타나는데, 이 방법은 indole의 생산 여부(I), methyl red의 환원작용(M), acetoin의 생산 여부(이 test는 Voges-Proskauer 반응이라고 함, VP test), citrate의 생산 여부(C)를 정성적으로 검사하는 방법이며, 특히 대장균인 경우 I(+), M(+), V(−), C(−)로 나타난다.

대장균군은 정성 및 정량시험으로 나누며, 정성시험은 다시 추정시험, 확정시험, 완전시험으로 나누어진다. 추정시험은 lactose broth(LB) 배지를 사용하며, 5℃에서 4시간 동안 Durham 관이 있는 시험관에 배양하며, 이때 유당을 발효하여 gas 생성을 관찰한다. 확정시험은 추정시험 양성인 배양액에서 시료 채취 후 brilliant green lactose bile(BGLB) broth에서 35℃에서 24시간 배양하여 gas 유무를 관찰하고, 양성일 때 완전시험으로서 확정시험에서 양성인 시료를 eosin methyl blue(EMB) agar에 배양시킨 후 LB 배양액에서 gas의 존재 여부를 재확인하는 완전시험을 한다.

특히 분변성 대장균군(fecal coliform)은 44.5℃에서 48시간 배양하여 gas 및 acid의 생성을 확정 관찰한다. 대장균의 존재만으로 분변으로부터 오염되었다고 판단할 수 없으므로 환경관리 면에서 오염지표로 의미가 있을 뿐 분변성 대장균 시험이 매우 중요하다고 할 수 있다. 한편, 병원성 미생물인 *E. coli* O157:H7은 식품공전 규정상 검출되지 말아야 하므로 이를 위하여 별도의 검출 실험이 필요하다.

정량시험에서는 최확수(most probable number, MPN)법이 있으며, 이는 연속적으로 10배씩 희석한 시료를 2개 또는 5개씩의 LB 배지가 있는 발효관에서 gas의 존재 여부를 계수하고, 이를 정해진 표에 적용하여 확률론적인 방법으로 계수하는 방법이다. 또 하나는 deoxycholate 유당한천배지를 사용한 표준평판배양법으로 계수하는 방법이 있다.

## 1.2 장구균

장구균은 *Streptococcus faecalis, Enterococcus faecium*이 있다. 인축의 분변에 항상 존재하며, 분변에 오염되지 않은 것에서는 검출되지 않는 특성이 있다. 따라서 분변 오염 지표로서 더욱 정확하며, 환경적 요인에 대장균군보다 저항력이 강하여 냉동, 가열, 건조 가공식품의 위생 검사에 지표로서 사용된다.

## 1.3 기 타

유산균의 하나인 *Bifidobacterium*은 인체의 분변에서 coliform 보다 10∼100배 더 발견되어 지표균으로서 가능성이 있다. 이 균주는 분변으로 오염된 물에 검출되며, 절대혐기성 균으로 생육이 어려워 관찰 시간이 많이 요하는 문제가 있으나 채소보다 육류나 수산물에서 더욱 생육을 잘하므로 이러한 가공제품에 유용하다. 또한 대장균을 숙주로 하는 coliphage의 존재 여부를 통해 대장균의 존재를 아는 방법으로, 주로 물(식수) 분석에 사용될 수 있다.

## 2. 위생을 위한 미생물의 모델링

식품에서 미생물의 생육을 예측하는 데 모델링(modeling) 기술을 이용할 수 있다. 일반적으로 이러한 모델링은 미생물 실험의 설계와 데이터의 분석을 통하여 적용되어진다. 대표적인 기술로서 미국 농무부(USDA)의 Pathogen Modeling Program(PMP)이 있는데, 주기적으로 업데이트 되고 있으며, 무료로 내려받을 수 있다.

이 모델링에는 여러 가지 가공처리에서의 환경에 따르는 9가지 병원성 미생물의 호기적 및 혐기적 조건에서의 생육 모델이 있다. 최근에는 미국 USDA와 영국의 Institute of Food Research Service(IFRS)가 공동으로 연구한 3만 가지 이상의 식품환경에 따르는 미생물의 생육에 대한 데이터를 수집한 ComBase라는 database가 있어 식품미생물 연구자가 설정 factor를 설정하면 쉽게 미생물 성장을 예측할 수 있다.

미생물 성장에 대한 이러한 모델링은 일종의 수학적 공식으로서 식품의 특성, 열처리 등의 가공 조건, 균주의 종류, 성장 곡선에서의 유도기(lag phase)의 환경, 타 균종에 대한 경쟁성 등 몇 가지 요소들에 의하여 이루어진다.

모델의 종류로는 식품의 가공공정 및 유통, 저장을 포함하는 여러 가지 환경조건에서 시간에 따라 미생물이 어떻게 증가하는 것을 나타내는 것으로 일차적 수준(primary level)에서는 가장 많이 사용하는 것으로 Gompertz식, Baranyi 모델, 2상 또는 3상 log-linear 모델 등이 있다(Emtiazi et al., 2023).

이차적 수준(secondary level)에서는 미생물 생육에 대한 parameter들이 여러 가지 환경조건에서 얼마나 바뀌는가를 감안한 것으로, 제곱근(sqaure root) 모델이나 polynominal regression 모델을 사용한다. PMP는 tertiary level로서 일차와 이차가 결합된 예측 모델이라고 할 수 있다.

## 3. HACCP

식품제조 가공시설의 위생 및 이에 대한 품질 관리는 매우 중요하며, 이에 대한 방식의 하나로 유해요소 중점 관리기준(Hazard Analysis Critical Control Point, HACCP)이 있다. 이는 식품의 안전성 및 품질을 확보하기 위하여 이들과 관련이 있는 위해를 확인하고, 이를 방제하는 수단이다.

HACCP는 종래의 최종 제품의 검사가 중심이 되는 것에 비해 식품의 재배 및 사육 등 제1차 생산단계에서부터 유통을 거쳐 최종 소비자에게 가기까지 일관하여 적용하고 있다(Awuchi, 2023). 또한 원래 미생물의 제어를 목표로 하여 개발된 관리 방식이지만 더 나아가 유해 화학물질의 제어나 이물 등의 물리적인 위해 방지에도 적용할 수 있다. HACCP 방식은 합리적이고 과학적일 뿐만 아니라 특별한 장치나 설비가 불필요하고, 용이하게 실시할 수 있는 관리 방식으로 국제적으로 호평을 받고 있다.

### 3.1 HACCP를 위한 전제 조건

HACCP system을 도입할 때 기능을 발휘하기 위하여 미리 정비되어 있지 않으면 안 되는 기준이나 규칙이 있으며, 여기에는 GMP와 SSOP가 있다.

GMP(Good Manufacturing Practice, 적정 제조기준)는 식품 취급시설의 위생관리 절차를 가능하게 하는 시설이나 장비에 관한 기준으로 식품 취급 시설에서 위생적인 식품을 제조하기 위한 관리사항에 관한 것이다.

SSOP(Sanitation Standard Operating Procedure, 위생관리 작업표준)은 GMP에 정하여진 관리사항을 더욱 구체적 식입 절차의 표준으로 상세하게 문서화하는 것으로, 식품 취급시설에서 위생관리를 어떻게 시행하고 감시할 것인가를 구체적으로 규정한 표준절차를 말한다. 두 가지 관리 조건이 충족되면 비로소 HACCP를 실행할 수 있다.

### 3.2 HACCP의 7가지 원칙

식품의 원료와 제조, 가공, 조리 및 유통 등의 전 과정에서 안전성에 대한 위해요소를 파악하고 방지하기 위하여 계획서로 작성된 것으로, 크게 위해(Hazard Analysis, HA)와 중요 관리점(Critical Control Point, CCP)으로 나누어진다. 여기서 HA는 식품제조의 전 과정에서 위해가 발생될 수 있는 빈도, 크기 등을 조사하는 것으로 방지 방법을 명확하게 하기 위함이고,

CCP는 전 과정 중에서 위해에 대하여 중점 관리점을 파악하여 제대로 관리하는 것이다.

HACCP는 다음 7가지 원칙에 따라 실시한다.

〈원칙 1〉 위해 분석(HA)의 실시

위해물질을 제거하거나 안전식품으로서의 허용 수준까지 낮추기 위한 방지 조치를 강구하기 위한 것으로, 식품 원료의 생육에서부터 제조, 유통, 최종 소비에 이르는 전 단계에서 발생할 수 있는 위해원인 물질을 명백하게 파악하고, 발생 가능성을 평가하여 방지 조치를 밝혀내서 일람표로 만들어 위해요소 목록을 작성한다.

〈원칙 2〉 중요관리점(CCP)의 설정

파악된 위해물질을 제거하거나 발생 가능성을 최소한도로 억제하기 위하여 관리하여야 할 장소, 절차, 작업단계, 즉 CCP를 설정한다. CCP의 설정은 될 수 있으면 최소화 하여야 한다.

〈원칙 3〉 각 CCP의 관리기준(Critical limit)의 설정

CCP가 적절하게 관리되고 있는 것을 확인하기 위하여 과학적인 데이터에 근거하여 관리기준을 설정하는 것이다.

〈원칙 4〉 관리기준에 대응하는 모니터링 방법의 설정

CCP의 관리 상태를 계획적으로 측정하기 위한 모니터링 방법을 설정한다. 모니터링 방법은 신속하게 파악할 수 있어야 하며, 주로 관능검사, 물리학적·화학적 검사가 있고, 미생물학적 검사는 시간 소요로 보통 제외된다.

〈원칙 5〉 관리기준에서 벗어날 때의 개선조치 설정

CCP에서의 모니터링 중 관리기준에서 벗어날 때 신속하고 적절하게 취하여 할 개선조치를 설정하는 것이다. 이 조치는 CCP를 확실하게 정상상태로 되돌릴 수 있어야 하고, 조치 중에는 영향을 받은 제품의 처분도 포함하고 있어야 한다.

〈원칙 6〉 검증(Verification) 방법의 설정

HACCP 방식이 효과적으로 작용하고 있는지를 검증방법을 설정하는 것이다. 검증은 주로 시스템 전체가 효과적으로 잘 작용하고 있는지, 기록문서는 제대로 기록되고 있는지, 각 CCP는 관리가 잘 이루어지는지, 관리기준은 적절한지, 관리기준에서 벗어날 때의 제품은 어떻게 하는지 등이 있으며, 이로써 HACCP 방식의 유효성을 충분히 확인할 수 있어야 한다. 검증방법으로

는 물리학적, 화학적 및 관능검사 외에 미생물학적 검사가 있다.

〈원칙 7〉 모든 기록의 문서화와 보관 규정 설정

위의 원칙과 그 적용에 관련된 모든 정보나 데이터에 대한 기록 방법과 이들 문서의 보관 시스템을 설정하는 것이다. HACCP에서 능률적이고도 정확한 기록을 보관하는 것은 매우 중요하다. 기록 내용에는 HACCP 계획에 관한 것과 계획에 기초한 위생관리의 실시과정에 얻는 것이 포함된다. 수집된 정보나 기록은 어느 것이나 쉽게 열람할 수 있어야 한다.

### 3.3 HACCP 절차

HACCP를 수행하기 위한 절차는 다음과 같다.

(1) HACCP팀의 편성: 팀의 임무는 HACCP 계획을 작성하고, 절차의 전부를 총괄하는 것으로 전문적 지식을 가진 자로 구성한다. 이때 팀장은 품질보증 총괄 책임자이며, 주로 공장장이나 사장이며, 전체 추진활동을 총괄한다. 추진위원은 공장 내의 각 부서장이 되며, 실행위원은 제조현장의 담당자급으로 한다.

(2) 제품이나 원료에 대한 기록: 제품 및 원료에 대한 특성, 제조, 가공, 보존, 유통에 대한 정보를 수집한다.

(3) 대상 식품에 대한 의도하는 용도나 대상이 되는 소비자의 확인: HACCP의 대상 식품의 사용자가 누구인지 고려하여야 하고, 제품에 대한 용도 및 사용법에 대하여 파악한다.

(4) 제조 공정도와 시설 내에서의 감찰도의 작성: 위해분석을 용이하게 수행하기 위하여 하는 것으로, 관리 하에 있는 모든 제조 및 가공공정에 대하여 원료의 입고부터 최종 제품으로 유통되기까지 각 순서에 대한 작업 공정도와 식품과 작업자의 행선을 나타내는 시설 내 감찰도를 작성하는 것이다.

(5) 제조공정도와 감찰도에 대한 현장 확인: 실제 현장에서 작업 중에 확인하여 실정을 제대로 나타내고 있는지를 확인하고, 실정과 맞지 않으면 수정한다.

(6) 모든 제조 단계에 관련된 모든 위해요소 목록 작성 및 이를 제거하기 위한 방법 검토: 원료, 제조공정, 최종 제품을 대상으로 하여 이미 수

집된 데이터를 바탕으로 위해분석을 하고, 식품 위생상 생물학적, 화학적, 물리적 위해의 방지조치를 작성한다.

(7) 제조공정도에 따른 각 단계에 대한 CCP의 여부를 결정: 우선 밝혀진 위해가 일반적인 위생관리법으로 제어될 수 있는지의 여부를 판단하고, 제어되지 않는 경우에는 CCP 여부를 판단하는 것이다.

(8) 각 CCP에서의 위해의 제어를 위한 관리기준 설정: 관리기준을 각각의 방지조치에 대응하여 설정한다.

(9) 각 CCP의 관리기준에 대한 모니터링 방법의 설정: CCP에서의 관리에서 벗어나는지를 쉽고 빠르게 모니터링 방법을 설정한다. 각 CCP에서의 관리기준을 규정된 방법에 따라 측정한다.

(10) 각 CCP의 개선조치의 설정: 각 CCP에서 관리기준에 벗어날 경우 개선 조치를 미리 설정하고 가이드라인을 정한다.

(11) HACCP 방식의 유효성 확인을 위한 검증방법 설정: 설정된 HACCP 방식이 위생관리가 적절히 이루어지는지를 검증하는 방법을 미리 설정한다.

(12) 실시된 HACCP 방식에 관련된 모든 기록의 유지관리 설정: HACCP에 대한 계획과 실시 내용 및 결과에 대한 모든 내용을 기록하는 방법과 보관방법을 설정한다.

## 3.4 HACCP의 적용 제품

식품의 제조, 가공, 유통, 외식, 급식의 모든 분야에 적용되며, 2003년 어묵류 등 6개 식품 유형에 식품안전관리인증기준(HACCP) 의무화 규정을 신설한 이래 안전한 식품소비를 위하여 점차 확대되고 있다. 2023년 4월 6일 식품의약품안전처 고시 제2023-26호에 의하면 국내 HACCP 적용 대상 식품은 다음과 같다.

- □ 어육가공품: 어묵류, 어육소시지
- □ 냉동 수산식품: 어류, 연체류, 조미가공품
- □ 냉동식품: 피자류, 만두류, 면류
- □ 빙과류
- □ 음료류
- □ 레토르트 식품
- □ 배추김치
- □ 즉석 조리식품(순대)

- □ 과자류, 빵류, 떡류
- □ 코코아 가공품, 초콜릿류
- □ 국수, 유탕면류
- □ 즉석 섭취식품

## 4. 국내 식품위생 관리기관

식품의약품안전처(Ministry of Food and Drug Safety)는 식품이나 의약품 따위의 안전에 관한 사무를 맡아보는 국무총리 소속의 중앙행정기관으로서 2013년 3월 식품의약품안전청에서 이름이 바뀌었다. 건강한 국민을 위하여 소비자가 더 건강해지는 먹거리 안전, 식품의 생산·유통과정 혁신, 소비자의 건강한 식생활 지원, 환자가 안심할 수 있는 약 및 의료기기, 환자 중심 관리체계로 전환, 의약품 등 허가제도의 혁신, 유통제품 철저히 점검, 생활 속 안전 사각지대 해소 등을 그 핵심 전략으로 하고 있다.

한국식품정보원(National Food Safety Information Service)은 1999년 국내 최초 식품산업의 정보 인프라 구축을 시작으로 식품산업의 모든 대상을 위한 전문적인 서비스를 제공하는 파트너로서 다각적인 연구와 노력을 하고 있다. 보다 건강하고 풍요로운 삶의 질을 원하는 시대적 요구에 식품산업 구성원이 부응할 수 있도록 전문 인력을 양성하여 보급하고자 신설된 교육사업 본부는 식품의약품안전처 지정 HACCP 교육훈련 기관으로서 4년 연속 최대 교육생 수를 배출하고, 국내 식품업계 최초로 고용노동부 직업능력개발 훈련시설로 지정받음으로써 산업현장의 인력 양성을 주도하는 명실상부한 국내 식품 분야 최고의 교육기관임을 인정받고 있다.

질병관리청(Korea Disease Control and Prevention agency)은 역사적으로 보면 고종의 칙령으로 설치된 위생국에서 시작되었으며, 그 후 1935년 설립된 보건원 양성소를 모태로 하여, 1959년에는 기존 조선방역연구소, 국립화학연구소 등과 통합되어 중앙보건원으로 출범하게 되었다. 1981년 국립보건원으로 개칭하고, 2004년 질병관리본부로 확대 개편되었다가 2020년에 질병관리청으로 승격되었다. 이 기관은 고위험병원체 안전 관리를 통한 생물 안전 보장 등 여러 가지 감염병으로부터 국민 보호 및 안전 사회 구현하며 효율적 만성질환 관리로 고혈압, 당뇨병 등 심뇌혈관질환, 알레르기 질환 등의 국민 질병에 대한 부담을 감소시키고, 보건 의료에 대한 R&D 및 연구 인프라 강화로 질병을 극복하는 데 있다.

한국식품안전관리인증원(Korea Agency of HACCP Accreditation and Services)은 식품의약품안전처 산하 공공기관으로 2007년 HACCP 지원사업단(한국보건산업진흥원)으로 설립되었고, 2017년 축산물 안전관리인증원과 한국식품안전관리인증원 통합 준정부기관 지정되어 운영되고 있다. 이 기관은 국민들이 일상적으로 먹고 마시는 식품 및 축산물 등에 대한 안전관리 인증을 수행하는 식품안전관리 전문기관으로 HACCP 적용 작업장의 인증, HACCP 적용 작업장 등의 HACCP 인증기준 이행 여부에 관한 조사 및 평가, HACCP에 관한 기술지원 및 운용에 관한 교육 및 시험, 연구 및 정보제공, 식품접객업소 위생등급제 사업, 수·출입 식품의 안전관리 강화 사업, 자동 기록관리 시스템 등록 사업, 수입식품 HACCP 인증 및 안전 관리 등을 하고 있다.

# 참고문헌

## 단행본

1. 김동현 외. 2019. 장내세균과 유산균의 효능. 도서출판 효일.
2. 노완섭 외. 2018. New 식품미생물학. ㈜지구문화사.
3. 문범수, 김동한, 김성환. 2015. 식품위생학. 신광출판사.
4. 박영현, 송은, 전성식. 2015. 최신 미생물학 및 실험. 보문각.
5. 박헌국 외. 2014. 식품미생물학. 문운당.
6. 신해원 외. 2016. 알기쉬운 식품미생물학 & 실험. 교문사.
7. 유상렬 외. 2016. 식품미생물학. 수학사.
8. 유주현 외. 2008. 발효공학. 도서출판 효일.
9. 윤진아 외. 2014. 식품미생물학 및 실험. 파워북.
10. 주현규 외. 2001. 최신 식품저장학. 수학사.
11. 한영수 외. 2015. 식품미생물학. 파워북.
12. Cossart P., 2016. New Microbiology from Microbiome to CRISPR. ASM Press .
13. Doyle M.P., Beuchat L.R., 2007. Food Microbiology. ASM Press.
14. Jay J.M., Loessner M.J., Golden D.A., 2005. Modern Food Microbiology. Springer.
15. Matthews K.R., Kniel K.E., Montville T.J., 2017. Food Microbiology: an Introduction. ASM Press.
16. Versalovic J., Wilson M., 2008. Therapeutic Microbiology: Probiotics and Related Strategies. ASM Press.
17. Waites M.J., Morgan N.L., Rockey J.S., 2006. Industrial Microbiology. Wiley-Blackwell.

## 학술논문

1. Awuchi CG. HACCP, quality, and food safety management in food and agricultural systems. Cogent Food and Agriculture 9: 2176280 (2023).

2. Barko PC, McMichael MA, Swanson KS, Williams DA The Gastrointestinal microbiome: A Review. Journal of Veterinary Internal Medicine 32: 9–25 (2018).

3. Bourret RB, Silversmith RE. Two-component signal transduction. Current Opinion in Microbiology 13: 113–115 (2010).

4. Breinholt V, Hossaini A, Svendsen GW, Brouwer C, Nielsen SE. Estrogenic activity of flavonoids in mice. The importance of estrogen receptor distribution, metabolism and bioavailability. Food and Chemical Toxicology 38: 555-564 (2000).

5. Dhakal R, Bajpai VK, Baek KH. Production of GABA(γ-aminobutyric acid) by microorganisms: A review. Brazilian Journal of Microbiology 43: 1230–1241 (2012).

6. Emtiazi G, Ghoreishi FS, Darani KK, Yücel Ö, Tarlak F. Prediction of growth kinetics of *Bacillus tequilensis* in nutrient broth under isothermal and non-isothermal conditions. Food Science and Technology 43: e123422(2023).

7. Eom SJ, Kim KT, Paik HD. Microbial bioconversion of ginsenosides in *Panax ginseng* and their improved bioactivities Food Reviews International 34: 698–712 (2018).

8. Goode D, Allen VM, Barrow PA. Reduction of experimental *Salmonella* and *Campylobacter* contamination of chicken skin by application of lytic bacteriophages. Applied and Environmental Microbiology 69: 5032–5036 (2003).

9. Han KJ, Lee JE, Lee NK, Paik HD. Antioxidant and anti-Inflammatory effect of probiotic *Lactobacillus plantarum* KU15149 derived from Korean homemade diced-radish kimchi. Journal of Microbiology and Biotechnology 30: 591–598 (2020).

10. Jung J, Lee NK, Paik HD. Bioconversion, health benefits, and application of ginseng and red ginseng in dairy products. Food Science and Biotechnology 26: 1155–1168 (2017).

11. Kariyawasam K, Yang SJ, Lee NK, Paik HD. Probiotic properties of *Lactobacillus brevis* KU200019 and synergistic activity with fructooligosaccharides in antagonistic activity against foodborne pathogens. Journal of Food Science and Animal Resources 40: 297–310 (2020).

12. Lee NK, Han KJ, Son SH, Eom SJ, Lee SK, Paik HD. Multifunctional effect of probiotic *Lactococcus lactis* KC24 isolated from kimchi. LWT-Food Science and Technology 64: 1036–1041 (2019).

13. Lee YJ, Jung BS, Kim KT, Paik HD. Predictive model for the growth

kinetics of *Staphylococcus aureus* in raw pork developed using Integrated Pathogen Modeling Program(IPMP) 2013. Meat Science 107: 20–25 (2015).

14. Liu X, Yao H, Xihong Zhao X, Ge C. Biofilm formation and control of foodborne pathogenic bacteria. Molecules 28: 2432 (2023).

15. Paik HD, Kim HJ. Nam KJ, Kim CJ, Lee SE, Lee DS. Effect of nisin on the storage of *sous vide* processed Korean seasoned beef. Food Control 17: 994–1000 (2006).

16. Park H, Lee M, Kim KT, Park E, Paik HD. Antioxidant and antigenotoxic effect of dairy products supplemented with red ginseng extract. Journal of Dairy Science 101: 8702–8710 (2018).

17. Park TW, Park J. Bioconversion optimization for manufacturing ginsenoside Rd from steamed ginseng crude saponin. Journal of Investigetive Cosmetology 18: 299–307 (2022).

18. Rizou M, Galanakis JM, Aldawoud TMS, Galanakis CM. Safety of foods, food supply chain and environment within the COVID-19 pandemic. Trends in Food Science and Technology 102: 293–299 (2020).

19. Yang JH, Huang DQ, Geng YC, Ling YR, Fan NS, Jin RC. Role of quorum sensing-based regulation in development of anaerobic ammonium oxidation process. Bioresource Technology 367: 128228 (2023).

20. Yang SJ, Lee JE, Lim SM, Kim YJ, Lee NK, Paik HD. Antioxidant and immune-enhancing effects of probiotic *Lactobacillus plantarum* 200655 isolated from kimchi. Food Science and Biotechnology 28: 491–499 (2019).

21. Yu HS, Jang HJ, Lee NK, Paik HD. Evaluation of the probiotic characteristics and prophylactic potential of *Weissella cibaria* strains isolated from kimchi. LWT-Food Science and Technology 112: 108229 (2019).

# 찾아보기

ㅇ

ㅈ



ㅊ



ㅋ



ㅌ

# Index

## T

# 식품미생물학

2024년 2월 20일 초판 인쇄
2024년 2월 25일 초판 발행

공 저 : 백현동 · 김기태 · 이나경
펴낸이 : 천승배
펴낸곳 : 도서출판 유한문화사

주소 : 경기도 고양시 덕양구 지도로124번길 8-35
전화 : 02) 2668-2055
팩스 : 02) 2668-2565
http://www.yuhansa.com
E-mail : yuhansa@hanmail.net
등록 : 제5-31호. 1979. 3. 6.

**값 20,000 원**

ISBN : 978-89-7722-954-9 93570